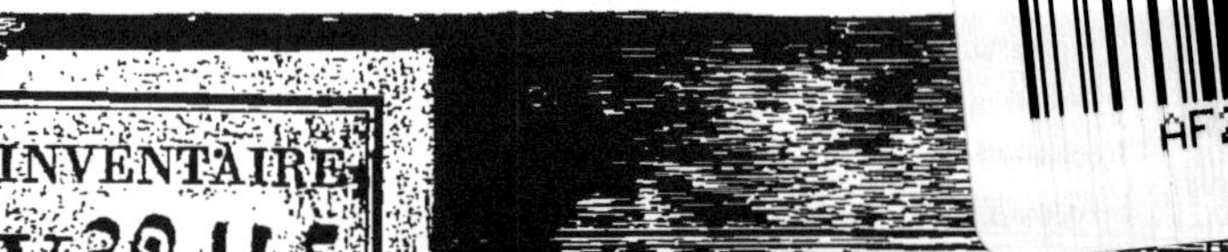

ÉLÉMENTS SIMPLIFIÉS

D'ARITHMÉTIQUE

COMMERCIALE ET PRATIQUE

Par Th. BERTRAND

PROFESSEUR DE COMPTABILITÉ A PARIS

AUTEUR DU COURS DE TENUE DE LIVRES.

PARIS,

IMPRIMERIE ET LIBRAIRIE CLASSIQUES

De JULES DELALAIN et FILS

RUE DES ÉCOLES, VIS-A-VIS DE LA SORBONNE.

ÉLÉMENTS

D'ARITHMÉTIQUE

COMMERCIALE ET PRATIQUE

Par Th. BERTRAND

PROFESSEUR DE COMPTABILITÉ A PARIS

AUTEUR DU COURS DE TENUE DE LIVRES.

PARIS.

IMPRIMERIE ET LIBRAIRIE CLASSIQUES

De JULES DELALAIN et FILS

RUE DES ÉCOLES, VIS-A-VIS DE LA SORBONNE.

ÉLÉMENTS

D'ARITHMÉTIQUE

COMMERCIALE ET PRATIQUE.

1re LEÇON.

Notions préliminaires.

1. L'*arithmétique* est la science des nombres.

2. Elle a pour objet l'évaluation des grandeurs.

3. On appelle *grandeur* tout ce qui peut être augmenté ou diminué, comme le temps, le poids, la longueur, etc.

4. On appelle *unité* la grandeur qui sert à évaluer toutes les grandeurs de même espèce qu'elle.

5. On appelle *nombre* la représentation d'une, de plusieurs unités ou de quelques parties de l'unité.

6. Un nombre est *abstrait* quand il n'est appliqué à aucune grandeur déterminée.

7. Un nombre est *concret* quand il est appliqué à une grandeur déterminée.

8. Un nombre est *entier* quand il n'est composé que d'unités entières.

9. Un nombre est *fractionnaire* quand il est composé d'unités entières et de parties de l'unité.

10. Un nombre est une *fraction* quand il n'est composé que de parties de l'unité.

Questionnaire. — 1. Qu'est-ce que l'arithmétique? — 2. Qu'a-t-elle pour objet? — 3. Qu'appelle-t-on grandeur? — 4. Qu'appelle-t-on unité? — 5. Qu'appelle-t-on nombre? — 6. nombre abstrait? — 7. nombre concret? — 8. nombre entier? — 9. nombre fractionnaire? — 10. fraction?

2e LEÇON.

Numération des nombres.

11. La *numération* est l'art de composer, d'énoncer et de représenter les nombres.

12. La numération est *parlée* ou *écrite :* parlée, quand elle est émise ou produite au moyen de la parole; écrite, quand elle est représentée au moyen de l'écriture.

13. Pour énoncer les nombres, on fait usage d'une certaine quantité de mots appelés noms de nombre, savoir : *un, deux, trois, quatre, cinq, six, sept, huit, neuf, dix, onze, douze, treize, quatorze, quinze, seize, dix-sept, dix-huit, dix-neuf, vingt, trente, quarante, cinquante, soixante, soixante-dix, quatre-vingts, quatre-vingt-dix, cent, mille, million, etc.*

Ces mots et les combinaisons qu'on en fait résulter sont l'objet de la *numération parlée*.

14. Pour représenter les nombres, on fait usage de certains caractères appelés *chiffres*, savoir :

$$1, 2, 3, 4, 5, 6, 7, 8, 9, 0;$$

et par la combinaison de ces chiffres :

$$10, 11, 12, 13, 14, 15, 16, 17, 18, 19, 20, 21;$$
$$30; 40; 50; 60; 70; 80; 90; 100;$$
$$200; 300; 400; 500; 1\,000; 1\,000\,000, \text{etc.}$$

Chacun de ces chiffres ou de ces nombres répond aux noms de nombres exprimés ci-dessus; ils sont l'objet de la *numération écrite*.

1.

15. *Composition des nombres.* — Pour composer les nombres, on ajoute l'unité à elle-même, puis successivement à chacun des nombres précédemment obtenus, de la manière suivante :

16. *Unités de premier ordre.* — *Un* plus *un* égale *deux;* *deux* plus *un* égalent *trois; trois* plus *un* égalent *quatre; quatre* plus *un* égalent *cinq; cinq* plus *un* égalent *six; six* plus *un* égalent *sept; sept* plus *un* égalent *huit; huit* plus *un* égalent *neuf.*

17. *Unités de deuxième ordre.* — Si à *neuf* unités, 9, nous ajoutons *une* unité, 1, nous obtiendrons *dix,* 10, unité de deuxième ordre; puis nous ajouterons successivement à 10 les unités simples 1, 2, 3, 4, etc., et nous aurons *onze,* 11, ou dix-un; *douze,* 12, ou dix-deux; *treize,* 13, ou dix-trois; *quatorze,* 14, ou dix-quatre; *quinze,* 15, ou dix-cinq; *seize,* 16, ou dix-six; *dix-sept,* 17; *dix-huit,* 18; *dix-neuf,* 19; *vingt,* 20, égale *dix-neuf* unités, 19, plus *un,* 1.

Ajoutant successivement les neuf unités simples à *vingt,* nous obtiendrons *vingt et un,* 21 ; *vingt-deux,* 22; *vingt-trois,* 23 ; *vingt-quatre,* 24 ;... *vingt-neuf,* 29; *vingt-neuf* plus *un* égale *trente,* 30.

Opérant pour *trente,* pour *quarante,* pour *cinquante, soixante, soixante-dix, quatre-vingts, quatre-vingt-dix,* comme nous avons opéré pour *dix* et pour *vingt,* nous obtiendrons *quarante et un,* 41, *quarante-deux,* 42, etc.; *cinquante et un,* 51, *cinquante-deux,* 52, etc. ; *soixante et un,* 61, *soixante-deux,* 62, etc. ; *soixante et onze,* 71, etc. ; *quatre-vingts,* 80 ; *quatre-vingt-dix,* 90 ; *quatre-vingt-dix-neuf,* 99.

18. *Unités de troisième ordre.* — Si à *quatre-vingt-dix-neuf* nous ajoutons une unité, 1, nous aurons *cent,* 100, unité de troisième ordre.

A cette nouvelle unité si nous ajoutons successivement les *quatre-vingt-dix-neuf* nombres qui précèdent, nous obtiendrons *cent un,* 101, *cent deux,* 102, etc. ; *cent dix,* 110, etc.; *cent vingt,* 120, *cent vingt et un,* 121, etc.; *cent trente*, 130, *cent quarante*, 140, etc.; *cent quatre-vingt-dix*, 190, etc.; *deux cents*, 200, etc.; puis *trois cents*, 300, etc.; puis *neuf cents*, 900, puis *neuf cent quatre-vingt-dix-neuf*, 999.

19. *Unités de quatrième ordre.* — En ajoutant une unité, 1, à ce dernier nombre, nous aurons *mille*, 1 000.

Ajoutant successivement à *mille* les *neuf cent quatre-vingt-dix-neuf* nombres qui précèdent, nous arriverons à *mille neuf cent quatre-vingt-dix-neuf*, 1 999. Ce nombre plus *un* donnera *deux mille*, 2 000. Continuant ainsi, nous obtiendrons *trois mille*, 3 000, *quatre mille*, 4 000, *neuf mille neuf cent quatre-vingt-dix-neuf*, 9 999.

20. *Unités de cinquième ordre.* — Le nombre précédent plus *un* donne *dix mille*, 10 000.

Ajoutant successivement à ce dernier nombre les nombres qui précèdent, nous obtiendrons *dix mille un*, 10 001, *dix mille dix*, 10 010, *dix mille cent*, 10 100, *onze mille cent*, 11 100, *douze mille*, 12 000, *vingt mille*, 20 000, *cinquante mille*, 50 000, *quatre-vingt-dix-neuf mille neuf cent quatre-vingt-dix-neuf*, 99 999.

21. *Unités de sixième ordre.* — Ce dernier nombre plus *un*, 1, donne *cent mille*, 100 000.

Continuant ainsi, nous obtiendrons successivement *deux cent mille*, 200 000, *cinq cent mille*, 500 000, *neuf cent quatre-vingt-dix-neuf mille neuf cent quatre-vingt-dix-neuf*, 999 999, etc.

Questionnaire.—11. Qu'est-ce que la numération?—12. Quelles sont les deux espèces de numération? — 13. Que fait-on pour énoncer les nombres? — 14. pour les représenter? — 15. pour les composer? — 16 à 21. Composez les nombres unités des différents ordres.

3ᶜ LEÇON.

Principes généraux de Numération.

22. Le principe absolu de la numération actuelle est celui-ci :

Dix unités d'un ordre quelconque forment une unité de l'ordre immédiatement supérieur.

Ainsi, dix unités simples forment une unité appelée *dizaine ;* dix dizaines forment une unité appelée *centaine ;* dix centaines forment une unité appelée *mille ;* dix mille forment une unité appelée *dizaine de mille ;* dix dizaines de mille forment une *centaine de mille ;* dix centaines de mille forment *un million, etc.*

23. Il résulte de ce qui vient d'être dit les conséquences suivantes :

1° *Tout chiffre d'un nombre quelconque, à l'exception du premier à droite, a deux valeurs : l'une absolue : c'est celle qui lui est propre ; l'autre relative : c'est celle qu'il tient de la place qu'il occupe.*

Dans 6 453, le 3 a une valeur d'unités et n'a que celle-là ; le 5 a sa valeur d'unités, c'est sa valeur absolue, et sa valeur de dizaines, c'est sa valeur relative ; le 4 a sa valeur d'unités, c'est sa valeur absolue, et sa valeur de centaines, c'est sa valeur relative ; enfin, le 6 a sa valeur d'unités, c'est sa valeur absolue, et sa valeur de mille, c'est sa valeur relative.

24. 2° *Tout chiffre devient dix, cent, mille fois plus grand, à mesure qu'on l'avance d'un, de deux, de trois rangs vers la gauche ; et dix, cent, mille fois plus petit, à mesure qu'on l'avance d'un, de deux, de trois rangs vers la droite.*

Dans 6 453 le 3 représente des unités de premier ordre. Si ce chiffre occupait le deuxième rang de droite à gauche, comme dans 6 435, ses unités représenteraient des unités de deuxième ordre, elles seraient dix fois plus fortes. Dans 6 345, elles seraient cent fois plus fortes, parce qu'elles y occuperaient le troisième rang, et dans 3 645, mille fois plus fortes. Par opposition, chaque chiffre déplacé deviendrait dix fois plus faible.

25. *3° Tout chiffre doit occuper la place des unités dont il est la représentation, pour conserver à chaque chiffre placé à sa droite ou à sa gauche la valeur que lui assigne cette place.*

Dans 6 453, où se trouvent les quatre nombres 6 000, 400, 50 et 3, le 6 est au quatrième rang, parce qu'il représente les unités de mille; le 4 au troisième rang, parce qu'il représente les unités de centaines; le 5 au deuxième rang, parce qu'il représente les dizaines, et le 3 au premier rang, parce qu'il représente les unités.

26. *4° Lorsque, dans un nombre, un ordre d'unités manque, on doit le représenter par un zéro.*

Si dans 6 453 les quatre centaines n'existaient pas, on écrirait 6 053; si les cinq dizaines étaient également supprimées, on aurait 6 003; et si l'on supprimait aussi les unités simples, on n'aurait plus que 6 000. Autrement le nombre deviendrait dix, cent, mille, etc., fois plus petit.

27. *5° En ajoutant un, deux, trois, etc., zéros à la droite d'un nombre entier, on le rend dix, cent, mille, etc., fois plus grand; on rend un nombre dix, cent, mille, etc., fois plus petit, en supprimant à sa droite un, deux, trois, etc., zéros.*

Si à 6 453 nous ajoutons un, deux, trois, etc., zéros, comme dans 6 4530, 6 45300, 6 453 000, nous l'aurons rendu dix, cent, mille, etc., fois plus grand; et si de 6 453 000 nous retranchons un, deux, trois, etc., zéros, nous l'aurons rendu dix, cent, mille, etc. fois plus petit.

chiffre quand on l'avance d'un, de deux, de trois, etc., rangs vers la gauche ou vers la droite? — 25. Quelle place tout chiffre d'un nombre doit-il occuper? — 26. Lorsque dans un nombre un ordre d'unités manque, que faut-il faire? —27. Que résulte-t-il des zéros placés ou supprimés à la droite d'un nombre entier?

4ᵉ LEÇON.

Numération des fractions décimales.

28. On appelle *fractions décimales,* ou plus simplement *décimales,* une ou plusieurs parties de l'unité partagée en dix parties semblables.

Chacune de ces parties ou dixièmes est partagée en dix parties ou centièmes, chaque centième en dix parties ou millièmes, chaque millième en dix parties ou dix-millièmes, chaque dix-millième en dix parties ou cent-millièmes, chaque cent-millième en dix parties ou millionièmes.

Dans une unité, il y a conséquemment : ou dix dixièmes, ou cent centièmes, ou mille millièmes, ou dix mille dix-millièmes, ou cent mille cent-millièmes, ou un million de millionièmes, etc.

29. Pour apprécier exactement les fractions décimales, il suffit de partager une longueur quelconque, un mètre, par exemple, 1° en dix parties; 2° chacune de ces parties en dix nouvelles parties; 3° chacune de ces dernières parties en dix autres parties, etc. : le premier partage offrira des dixièmes; le second, des centièmes; le troisième des millièmes.

30. Les fractions décimales s'écrivent avec les mêmes caractères que les nombres entiers, se placent à leur droite, et en sont séparées par une virgule,

Comme dans vingt entiers cinq dixièmes, que l'on écrit en chiffres, 20,5; quarante-cinq entiers soixante-quinze centièmes, que l'on écrit en chiffres, 45,75; cent dix

entiers deux cent quinze millièmes, que l'on écrit,
110,215.

31. Lorsqu'on veut écrire un nombre entier accompagné de décimales, on écrit d'abord le nombre entier,
ensuite la virgule, puis les décimales. Le premier chiffre
à droite de la virgule représente les dixièmes; le second,
les centièmes; le troisième, les millièmes; le quatrième,
les dix-millièmes, etc.

Ainsi, dans 5,415, il y a cinq entiers; puis, à droite
de la virgule, il y a quatre dixièmes, un centième et
cinq millièmes.

32. S'il manque un ordre d'unités dans un nombre
entier, on doit le représenter par un zéro (26, 4°); il en
est de même dans un nombre décimal.

Soit le nombre cent cinq unités cinq centièmes, nous
écrirons 105,05. Les dizaines manquent dans le nombre
entier 105, et les dixièmes dans le nombre décimal 0,05;
nous les avons représentés par un zéro.

33. Si l'on avait à représenter une fraction décimale
seulement, on écrirait un zéro pour tenir lieu des
unités, puis la virgule, et à sa droite le nombre décimal.

Soit à écrire deux cent dix-sept millièmes, on écrira
0,217; soit deux cent quinze dix-millièmes, on écrira
0,0215.

34. En déplaçant d'un, deux, trois, etc., rangs vers la
gauche la virgule dans un nombre décimal, on rend ce
nombre dix, cent, mille, etc., fois plus petit; et dix,
cent, mille, etc., fois plus grand, en la déplaçant d'un,
deux, trois, etc., rangs vers la droite.

Soit le nombre 4155,540; si nous l'écrivons ainsi:
415,5540, ou 41,55540, ou 4,155540, nous l'aurons
rendu dix, cent, mille fois plus petit; et si nous l'écrivons 41555,40, ou 415554,0, ou 4155540, nous l'aurons rendu dix, cent, mille fois plus grand.

35. Pour lire un nombre composé d'entiers et de décimales, on lit d'abord le nombre entier, puis les déci-

males, en leur donnant le nom de la dernière décimale de droite.

Soit à lire le nombre 60,210. On lira d'abord le nombre entier, soixante entiers; puis le nombre décimal, en donnant à ce dernier nombre le nom de la dernière décimale de droite : deux cent dix millièmes.

Questionnaire. — 28. Qu'appelle-t-on fractions décimales ? Comment est partagée chacune de ces parties ? Qu'y a-t-il conséquemment dans une unité ? — 29. Que fait-on pour apprécier exactement les fractions décimales ? — 30. Comment s'écrivent les fractions décimales ? — 31. Quand on veut écrire un nombre entier accompagné de décimales, que doit-on faire ? — 32. Que fait-on quand un ordre d'unités manque aux fractions décimales ? — 33. Que ferait-on si l'on n'avait à écrire qu'une fraction décimale seulement ? — 34. Que produit le déplacement de la virgule dans un nombre décimal ? — 35. Que faut-il faire pour lire un nombre composé d'entiers et de décimales ?

5e LEÇON.

Opérations fondamentales de l'Arithmétique.

36. Pour résoudre les questions ayant l'arithmétique pour objet, on fait usage de quatre règles appelées *opérations fondamentales,* savoir : l'*addition,* la *soustraction,* la *multiplication* et la *division.*

37. On nomme *proposition arithmétique* l'énoncé de toute question dont la solution s'obtient au moyen du calcul.

38. On appelle *calcul* l'action de combiner les chiffres pour obtenir la solution de toute proposition.

39. Tout résultat de proposition obtenu au moyen du calcul se nomme *solution.*

40. En arithmétique, toute proposition se nomme *théorème* ou *problème.*

1

On appelle *théorème* toute vérité non évidente par elle-même, c'est-à-dire qui a besoin d'une démonstration pour devenir évidente.

On appelle *problème* toute question proposée qui demande une *solution*.

41. En arithmétique, on fait usage de certains signes abréviatifs pour rendre le calcul plus rapide en écriture.

Ces signes sont :

Pour l'addition (+), qui signifie *plus ;*

Pour la soustraction (—), qui veut dire *moins ;*

Pour la multiplication (×), qui veut dire *multiplié par ;*

Pour la division (:) ou (—), qui veulent dire *divisé par ;*

Pour indiquer l'égalité, on emploie le signe (=), qui veut dire *égal* ou *est égal à*.

Questionnaire. — 36. De quoi fait-on usage pour résoudre les questions qui ont l'arithmétique pour objet? — 37. Que nomme-t-on proposition arithmétique? — 38. Qu'appelle-t-on calcul? — 39. Comment nomme-t-on tout résultat obtenu au moyen du calcul? — 40. En arithmétique, comment se nomme toute proposition? Qu'appelle-t-on théorème, problème? — 41. En arithmétique, de quels signes fait-on usage pour rendre le calcul plus rapide ?

6e LEÇON.

Addition des nombres entiers.

43. L'*addition* est une opération arithmétique qui a pour objet de réunir plusieurs nombres proposés en un seul.

44. Le résultat de cette opération se nomme *somme* ou *total*.

Addition de nombres d'un seul chiffre.

45. Pour former un nombre avec plusieurs nombres d'un seul chiffre, il faut ajouter les unités du deuxième nombre aux unités du premier, les unités du troisième aux unités des deux précédents, les unités du quatrième à celles des trois premiers, et ainsi de suite.

Exemple. — Un élève a reçu de ses parents les sommes suivantes, à titre de récompense, dans l'espace de deux mois : 2 fr., 3 fr., 1 fr., 5 fr., 6 fr., 4 fr. Qu'a-t-il reçu en totalité ?

Employant le signe de l'addition $+$ et celui de l'égalité, je dirai :

$$2 + 3 = 5; \; 5 + 1 = 6; \; 6 + 5 = 11; \; 11 + 6 = 17; \; 17 + 4 = 21.$$

Ou en abrégeant : $2 + 3 + 1 + 5 + 6 + 4 = 21.$

Addition de nombres de plusieurs chiffres.

46. Quand on veut faire une addition de deux ou de plusieurs nombres composés de plusieurs chiffres, il faut écrire ces nombres de manière que les unités, les dizaines, les centaines, les mille, etc., se correspondent dans un même sens vertical.

Pour faire l'addition, on commence par la droite : 1° parce que les dizaines provenant de l'addition des unités doivent être ajoutées aux unités de la colonne suivante, c'est-à-dire aux dizaines; 2° parce que les centaines provenant de la colonne des dizaines doivent être ajoutées aux unités de la colonne suivante, c'est-à-dire aux centaines.

Si l'addition des unités d'une colonne donne un nombre inférieur à dix, on écrit ce nombre tel qu'il est. Si l'addition d'une colonne quelconque donne dix ou dix répété un certain nombre de fois exactement, on posera zéro, et l'on ajoutera à la colonne suivante l'unité autant de fois que le nombre dix aura été trouvé.

Exemple. — Soit à additionner les recettes suivantes d'un commerçant : 315 fr., 274 fr., 580 fr. et 818 fr.

J'écrirai les nombres dans l'ordre suivant :

$$
\begin{array}{r}
315 \\
+\ \ 274 \\
+\ \ 580 \\
+\ \ 818 \\
\hline
=\ 1\,987
\end{array}
$$

Employant les signes de l'addition et de l'égalité, je dirai, commençant par la droite : $5+4=9$, $9+0=9$, $9+8=17$; j'écris 7 unités et j'ajoute une dizaine aux dizaines de la colonne suivante, $1+1=2$, $2+7=9$, $9+8=17$, $17+1=18$; j'écris 8 et j'ajoute une centaine aux centaines suivantes, $1+3=4$, $4+2=6$, $6+5=11$, $11+8=19$; j'écris 19, et j'ai obtenu pour total 1987.

Preuve de l'addition.

47. La *preuve* d'une opération arithmétique est la vérification de l'exactitude de cette opération.

48. Pour faire la preuve de l'addition, on renverse l'ordre des nombres; on additionne ensuite ces nombres, dont le total doit être semblable à la première somme.

Prenons pour exemple l'opération précédente, j'écris l'opération en sens inverse comme il suit :

$$
\begin{array}{r}
818 \\
+\ \ 580 \\
+\ \ 274 \\
+\ \ 315 \\
\hline
=\ 1\,987
\end{array}
$$

Total égal à celui de la règle.

Problèmes. — 1° Un fabricant a pris les sommes suivantes dans le courant d'un mois pour payer ses ouvriers : 280 fr.; 470 fr.; 590 fr.; 248 fr.; 610 fr. Combien a-t-il pris en totalité?

2º Sur une pièce de toile un commerçant a vendu les coupons suivants : 30 mèt. ; 9 mèt. ; 15 mèt. ; 18 mèt. ; il lui reste 20 mèt. Combien de mètres avait cette pièce?

3º Pour le tissage de six pièces de mérinos, un fabricant a employé les quantités de laine suivantes : pour la première pièce, 60 kilog. ; pour la seconde, 28 kilog. ; pour la troisième, 38 kilog. ; pour la quatrième, 40 kilog. ; pour la cinquième, 36 kilog., et pour la sixième, 18 kilog. Quelle quantité de laine ce fabricant a-t-il employée?

4º Un commerçant reçoit de Sedan douze pièces de drap : 3 de 35 mèt. chacune ; 3 de 40 mèt. ; 3 de 45 mèt. ; 3 de 50 mèt. Dites le nombre de mètres de drap qu'il a reçus.

5º Un commerçant a six employés ainsi rétribués par trimestre : au premier il donne 350 fr. ; au deuxième, 280 ; au troisième, 250 ; au quatrième, 225 ; au cinquième, 200 ; au sixième, 150. Quel est son déboursé?

6º Un marchand de vin a tiré les quantités suivantes de vin d'un tonneau dans lequel il reste encore 38 litres : 14 lit. ; 30 lit. ; 54 lit. ; 48 lit. ; 21 lit. ; 14 lit. Quelle était en litres la contenance de ce tonneau?

Questionnaire. — 43. Qu'est-ce que l'addition? — 44. Comment se nomme le résultat de cette opération? — 45. Pour composer un nombre avec plusieurs nombres d'un seul chiffre, que faut-il faire? — 46. Et avec plusieurs nombres composés de plusieurs chiffres? — 47. Qu'appelle-t-on preuve d'une opération arithmétique? — 48. Comment fait-on la preuve de l'addition?

7ᵉ LEÇON.

Soustraction des nombres entiers.

49. La *soustraction* est une opération arithmétique qui a pour objet de retrancher d'un nombre donné toutes les unités d'un autre nombre plus faible que le premier.

50. Le résultat de cette opération se nomme *reste, différence* ou *excès*.

Soustraction de nombres d'un seul chiffre.

51. Quand les deux nombres proposés ne sont composés que d'un chiffre chacun, il suffit de retrancher les unités du plus faible des unités du plus fort.

Exemple. — Un écolier ayant reçu de ses parents pour argent de poche 9 fr., sur lesquels il a dépensé 5 fr., que lui reste-t-il?

Je dirai, en employant le signe de la soustraction, $9 - 1 = 8 - 1 = 7 - 1 = 6 - 1 = 5 - 1 = 4$. D'où l'on voit qu'ayant retranché 1 cinq fois, il reste 4 fr. Avec un peu d'habitude, on dira plus brièvement : $9 - 5 = 4$.

Soustraction de nombres de plusieurs chiffres.

52. 1° Quand on veut retrancher un nombre composé de plusieurs chiffres d'un autre nombre aussi composé de plusieurs chiffres, on écrit le plus petit sous le plus grand, de manière que les unités de même ordre se correspondent dans le sens vertical.

Exemple. — Un commerçant doit 8 770 fr., sur lesquels il paye 4 660 fr.; que doit-il encore?

J'écrirai les deux nombres de cette manière :

Opération :

$$
\begin{array}{r}
8\ 770 \\
4\ 660 \\
\hline
4\ 110
\end{array}
$$

En commençant par la droite, je dirai $0 - 0 = 0$, que je pose au-dessous; puis $7 - 6 = 1$, que je pose de même; ensuite $7 - 6 = 1$, que j'écris également au-dessous; enfin, $8 - 4 = 4$, que j'écris aussi au-dessous. Après avoir écrit ces quatre restes partiels, 0, 1, 1, 4, j'ai obtenu pour reste total 4 110 unités.

53. 2° Quand le chiffre à retrancher est égal à son correspondant supérieur, on écrit zéro; quand il est plus petit, on pose leur différence; quand il est plus grand, on augmente le chiffre supérieur de dix unités, et par compensation on augmente d'une unité le chiffre inférieur placé à gauche.

Exemple. — Un commerçant doit 84 fr., sur lesquels il remet 59 fr.; que doit-il encore?

$$\begin{array}{r} \textit{Opération :} \qquad 84 \\ 59 \\ \hline 25 \end{array}$$

Après avoir posé la règle, je dis: 4 — 9, cela ne se peut; j'ajoute dix unités au chiffre supérieur, et j'ai 14; je dis donc : 14 — 9 = 5, que j'écris; pour compenser les dix unités ajoutées au nombre supérieur, j'augmente d'une unité le chiffre des dizaines du nombre inférieur, et je dis : 8 — 6 = 2. La différence totale est donc 25.

54. 3° Quand le chiffre supérieur est un zéro, on opère d'une manière analogue.

Premier exemple. — Sur une facture de marchandises de 608 fr., un commerçant a remis 319 fr.; combien lui reste-t-il à payer?

$$\begin{array}{r} \textit{Opération :} \qquad 608 \\ 319 \\ \hline 289 \end{array}$$

Après avoir écrit les deux nombres proposés, je dis : 8 — 9 ne se peut; j'ajoute à 8 dix unités, et je dis : 18 — 9 = 9; puis, par compensation, en augmentant la dizaine d'une autre dizaine valant dix unités, je dis : 0 — 2 ne se peut; mais ajoutant dix dizaines au chiffre supérieur 0, j'ai : 10 — 2 = 8, que je pose; par compensation, j'ajoute au chiffre 3 une centaine qui vaut dix dizaines, d'où 6 — 4 = 2, que je pose. Le marchand a encore 289 fr. à payer.

Deuxième exemple. — Une maison de commerce a été vendue 64 000 fr.; le premier payement fait s'élève à 21 876 fr.; à combien doit s'élever le dernier?

$$
\begin{array}{r}
\text{Opération :} \qquad 64\ 000 \\
21\ 876 \\
\hline
42\ 124
\end{array}
$$

Après avoir écrit le plus petit nombre sous le plus grand, je dis : 0 — 6 ne se peut; mais en ajoutant dix unités, 10 — 6 = 4. Passant à la colonne des centaines, je dis : 0 — 8 (8 au lieu de 7 par compensation) ne se peut; mais 10 — 8 = 2. De même pour les centaines, 0 — 9 ne se peut; mais 10 — 9 = 1. A la colonne des mille, on a 4 — 2 (2 au lieu de 1 par compensation) = 2. Enfin 6 — 2 = 4. D'où nous voyons que le second ou dernier payement sera de 42 124 fr.

Preuve de la soustraction.

55. La preuve de la soustraction se fait en additionnant le plus petit nombre avec le reste ou la différence. Le total doit reproduire le plus grand nombre.

Exemple. — Un commerçant comptait recevoir 32 510 fr. pour acquitter sa fin de mois, mais il n'a reçu que 18 420 fr. : combien lui faut-il pour compléter la somme qui lui est nécessaire?

$$
\begin{array}{r}
\text{Opération :} \qquad 32\ 510 \\
18\ 420 \\
\hline
14\ 090 \\
32\ 510
\end{array}
$$

Après avoir retranché 18 420 de 32 510, j'ai eu pour différence ou reste 14 090 fr.; j'ai additionné ce reste 14 090 avec 18 420, le plus petit des deux nombres proposés, addition qui m'a donné 32 510 : d'où je conclus que l'opération a été faite exactement.

Problèmes. — 1° Sur 3 750 fr. que je dois, j'ai compté à mon créancier 1 974 fr. : que dois-je encore ?

2° Un commerçant avait dans sa caisse 18 945 fr., sur lesquels il a payé 10 995 fr. : que reste-t-il dans sa caisse ?

3° Un commerçant achète par an 10 000 fr. de toile, qu'il compte revendre 11 800 fr. : quel sera son bénéfice ?

4° Sur 809 mètres de drap on a vendu 454 mètres : combien en reste-t-il ?

5° Un tonneau contient 384 bouteilles, un autre 299 : dites leur différence.

6° Sur 6 450 mètres d'étoffe, 3 800 mètres ont été vendus : que reste-t-il ?

Questionnaire. —49. Qu'est-ce que la soustraction ? — 50. Comment nomme-t-on le résultat de cette opération ? —51. Que suffit-il de faire quand les deux nombres proposés ne sont composés chacun que d'un seul chiffre ? — 52. Que faut-il faire quand on veut retrancher un nombre composé de plusieurs chiffres d'un autre nombre composé également de plusieurs chiffres ? — 53. Quel peut être, dans toute soustraction, le chiffre à retrancher ? —54. Comment opère-t-on, si le chiffre supérieur est plus faible ? Et si le chiffre supérieur est un zéro ? — 55. Comment fait-on la preuve de la soustraction ?

8ᵉ LEÇON.

Multiplication des nombres entiers.

56. La *multiplication* est une opération arithmétique qui a pour objet, deux nombres étant donnés, d'en composer un troisième qui soit en rapport avec le premier comme le deuxième est en rapport avec l'unité. Conséquemment, si le deuxième contient l'unité une fois, le nombre que l'on cherche contiendra le premier une fois; si le deuxième contient l'unité cinq, vingt-cinq, cinquante fois, etc., le nombre que l'on cherche contiendra le premier, cinq, vingt-cinq, cinquante fois, etc.; et si le deuxième n'est que la cinquième, la vingt-cinquième, la cinquantième, etc., partie de l'unité, le nombre que l'on cherche ne sera que la cinquième, la vingt-cinquième, la cinquantième, etc., partie du premier.

57. Le premier des deux nombres se nomme *multiplicande*, c'est celui que l'on multiplie; le deuxième, *multiplicateur*, c'est celui qui multiplie; celui que l'on cherche est le *produit*.

58. Le multiplicande et le multiplicateur sont appelés d'un nom commun *facteurs* de la multiplication ou du produit.

59. La multiplication n'est autre chose qu'une addition abrégée. On pourrait l'opérer en écrivant le multiplicande autant de fois au-dessous de lui-même que l'unité est contenue dans le multiplicateur; en additionnant, on obtiendrait le résultat que l'on cherche.

60. Mais il arrive presque toujours que le multiplicateur, composé d'un trop grand nombre d'unités, ne permettrait même pas d'employer cette méthode.

Il faut alors employer une méthode qui sera démontrée plus loin et pour laquelle il est nécessaire de connaître par cœur la table suivante, attribuée à Pythagore et appelée *table de multiplication.*

1	2	3	4	5	6	7	8	9
2	4	6	8	10	12	14	16	18
3	6	9	12	15	18	21	24	27
4	8	12	16	20	24	28	32	36
5	10	15	20	25	30	35	40	45
6	12	18	24	30	36	42	48	54
7	14	21	28	35	42	49	56	63
8	16	24	32	40	48	56	64	72
9	18	27	36	45	54	63	72	81

61. Pour composer cette table, après avoir établi un carré parfait divisé par neuf lignes verticales et neuf lignes horizontales, de manière à former quatre-vingt-un carrés plus petits, on écrit les neuf unités simples dans la première colonne horizontale; puis, à partir de l'unité et en descendant, on l'ajoute successivement à elle-même jusqu'au nombre 9; passant à la deuxième colonne, on ajoute le 2 à lui-même jusqu'au nombre 18; on agit de même pour les autres colonnes.

62. Pour se servir de cette table avec facilité il faut considérer chaque chiffre de la première colonne horizontale comme le multiplicande, et chaque chiffre de la première colonne verticale comme le multiplicateur d'une multiplication dont le produit se trouve à la jonction des deux colonnes horizontale et verticale où ces deux chiffres sont écrits. Par exemple, on veut trouver le produit de 7 (colonne horizontale) multiplié par 5 (colonne verticale) : en suivant les deux colonnes jusqu'à leur jonction, on trouvera le produit 35. Si l'on avait 9 à multiplier par 9 (les deux chiffres extrêmes des deux colonnes), on trouverait 81 pour produit.

Multiplication d'un nombre composé de plusieurs chiffres par un nombre d'un seul chiffre.

63. Pour multiplier un nombre composé d'unités, de dizaines, de centaines, etc., par un autre nombre d'un seul chiffre, on écrit le nombre multiplicande, et au-dessous le nombre multiplicateur; puis on répète les unités, les dizaines, les centaines, etc., du multiplicande autant de fois que l'unité est contenue dans le multiplicateur.

Exemple. — Un commerçant a acheté 5 pièces de toile à 176 fr. l'une : quelle somme devra-t-il payer ?

$$
\begin{array}{r}
\textit{Opération :} \quad 176 \\
5 \\
\hline
880
\end{array}
$$

Après avoir écrit le multiplicateur sous le multiplicande, je multiplie par 5 les unités représentées par 6 ; puis les dizaines représentées par 7 ; puis les centaines représentées par 1, comme il suit : 5 fois 6 font 30 ; et comme 30 est composé de 3 dizaines et de 0 unités, j'écris 0 directement au-dessous du multiplicateur 5 et je retiens les 3 dizaines pour être ajoutées au produit suivant, ou des dizaines ; 5 fois 7 font 35, et 3 que j'ai retenus font 38 : j'écris les 8 unités et je retiens les 3 dizaines pour être ajoutées au produit des centaines; 5 fois 1 font 5 et 3 de retenue font 8 ; et comme il n'y a plus de chiffre au multiplicande, j'écris 8. J'ai donc obtenu 880 fr., somme que devra payer le commerçant.

En multipliant 6 par 5, nous avons répété 6 unités 5 fois : nous avons donc obtenu un nombre d'unités 5 fois plus fort, ou 30. En multipliant 7 par 5; nous avons répété 7 dizaines 5 fois : nous avons donc obtenu un nombre de dizaines 5 fois plus fort, ou, avec la retenue, 38. En multipliant 1 par 5, nous avons répété 1 centaine 5 fois : nous avons donc obtenu un nombre de centaines 5 fois plus fort, ou, avec la retenue, 8.

64. Quelle que soit la place qu'occupent les deux facteurs, le résultat ne saurait être changé. En effet, si nous intervertissons l'ordre des facteurs de l'opération précédente, nous obtiendrons le résultat que nous avons obtenu primitivement.

$$\begin{array}{r} \textit{Opération :} \quad 5 \\ 176 \\ \hline 30 \\ 35 \\ 5 \\ \hline 880 \end{array}$$

En multipliant 5 par 6, nous avons obtenu 30 unités; en multipliant 5 par 7, nous avons obtenu 35 dizaines, et en multipliant 5 par 1, nous avons obtenu 5 centaines, et après avoir additionné ensemble ces trois produits partiels, nous avons obtenu 880 pour produit total, comme dans la première opération.

Problèmes. — 1° Si une toile vaut 3 fr. le mètre, combien vaudront 64 mètres?

2° Le kilog. de bougie est payé 2 fr. : dites le prix de 628 kilog.

3° Un corps de bibliothèque a 8 rayons et chaque rayon 39 volumes : combien de volumes en tout?

4° En faisant 9 kilomèt. par jour, combien fera-t-on de chemin en 87 jours?

5° On a chargé 7 vagons de 1 798 kilog. de houille chacun : combien y a-t-il en tout de kilogrammes?

6° Un industriel doit payer chaque jour 8 employés à 9 fr., 87 ouvriers à 6 fr., 48 ouvrières à 3 fr. : quelle est la dépense totale de chaque jour?

Questionnaire. — 56. Qu'est-ce que la multiplication? — 57. Comment se nomment les trois nombres de la multiplication? — 58. Quel est le nom commun donné au multiplicande et au multiplicateur? — 59. Qu'est-ce en réalité que la multiplication? — 60. Qu'arrive-t-il presque toujours dans le cas que vous venez de développer? — 61. Pour composer la table de Pythagore, que faut-il faire? — 62. Pour se servir de cette table avec facilité, que faut-il faire? — 63. Que faut-il faire pour multiplier un nombre composé d'unités, de dizaines, etc., par un nombre d'un seul chiffre? — 64. Qu'avez vous à dire relativement à la place que doivent occuper le multiplicande et le multiplicateur? Qu'avons-nous fait en multipliant 6 par 5, etc.?

9e LEÇON.

Multiplication d'un nombre composé de plusieurs chiffres par un nombre composé de plusieurs chiffres.

65. Pour multiplier un nombre composé de plusieurs chiffres par un autre nombre composé également de plusieurs chiffres, on fait autant de multiplications partielles qu'il y a de chiffres dans le nombre multiplicateur, c'est-à-dire que : 1° on multiplie les unités, les dizaines, les centaines, etc., du multiplicande par les unités du multiplicateur; 2° par les dizaines; 3° par les centaines, etc.

66. Le premier de ces produits partiels se nomme *produit des unités;* le deuxième se nomme *produit des dizaines;* le troisième se nomme *produit des centaines,* etc.

Le premier s'écrit au rang des unités, le deuxième au rang des dizaines, le troisième au rang des centaines; c'est-à-dire que chaque produit, à mesure qu'on l'écrit, doit être reculé d'un rang vers la gauche.

Exemple. — Un marchand a vendu 125 pièces de vin à 250 fr. l'une : combien doit-il recevoir?

Opération :

$$
\begin{array}{r}
250 \\
125 \\
\hline
1\,250 \\
5\,00 \\
25\,0 \\
\hline
31\,250
\end{array}
$$

1 250   produit des unités.
5 00   —   dizaines.
25 0   —   centaines.
31 250   produit total.

Multipliant 250 par 125, je dis : 5 fois 0 font 0, je le pose ; 5 fois 5 font 25, je pose 5 et je retiens 2 ; 5 fois 2 font 10 et 2 de retenue font 12, je pose 12, ou 1 250, produit des unités.

Puis : 2 fois 0 font 0, je le pose ; 2 fois 5 font 10, je pose 0 et je retiens 1, puis 2 fois 2 font 4 et 1 de retenue font 5, que j'écris, ou 500, produit des dizaines.

Puis : une fois 0 égale 0, que je pose ; une fois 5 égale 5, que je pose, et une fois 2 égale 2 ; et j'obtiens pour produit des centaines 250.

Ces trois produits additionnés donnent 31 250 fr.

67. En multipliant par les unités d'un ordre quelconque, on doit remarquer que les premières unités obtenues par la multiplication de ces unités sont de même ordre qu'elles.

68. Quand un nombre doit être multiplié par l'unité suivie d'un, de deux, de trois, etc., zéros, c'est-à-dire par **10,** par **100,** par **1000,** il suffit d'ajouter au nombre multiplicande les zéros du nombre multiplicateur.

Exemple.—Un négociant a payé 20 fr. pour l'achat d'une pièce de calicot. Combien payera-t-il pour l'achat : 1º de 10 pièces ; 2º de 100 pièces ; 3º de 1 000 pièces de même qualité ?

Opération :

$$
20\text{ fr.}\left\{
\begin{array}{lll}
\times\ 10 & = & 200\text{ fr.} \\
\times\ 100 & = & 2\ 000\text{ fr.} \\
\times\ 1000 & = & 20\ 000\text{ fr.}
\end{array}
\right.
$$

Dans le premier cas, nous avions 20 unités (francs) : nous avons obtenu 20 dizaines, ou 0 dizaines et 2 centaines ; dans le deuxième, nous avions 20 unités, nous avons obtenu 20 centaines ou 0 centaine et 2 mille ; dans le troisième, nous avions 20 unités, nous avons obtenu 20 mille ou 0 mille et 2 dizaines de mille : nous avons donc rendu le nombre 20 successivement 10, 100, 1 000 fois plus grand.

69. Si l'on avait à multiplier deux nombres dont l'un ou tous deux seraient suivis d'un certain nombre de zéros, on négligerait tous les zéros pour les ajouter ensuite au produit.

Exemple.—Un industriel a acheté 4 000 mètres carrés de terrains, à 90 fr. le mètre carré : que doit-il payer ?

$$\begin{array}{r} \textit{Opération :} \quad\quad 4\,000 \\ 90 \\ \hline 360\,000 \end{array}$$

Après avoir écrit le multiplicande et le multiplicateur, négligeant les trois zéros du premier nombre et celui du second, nous nous sommes borné à multiplier 4 par 9, et nous avons obtenu 36 pour produit. Mais en multipliant des unités, des dizaines et des centaines par des unités seulement, nous avons obtenu un produit dix mille fois moindre que le produit réel. Nous avons donc dû le rendre dix mille fois plus fort ; et c'est ce que nous avons fait en ajoutant à la droite du produit les quatre zéros de ses deux facteurs.

Problèmes. — 1° Une maison vend 374 mètres d'étoffe dans un jour : combien de mètres vendra-t-elle dans le courant d'une année commerciale de 310 jours ?

2° Un marchand a reçu 64 balles de laine à 450 fr. l'une : combien doit-il payer ?

3° Quel est le produit de 29 007 par 2 958 ?

4° On a pavé une place publique en posant sur la longueur 470 pavés et 676 sur sa largeur : quel est le nombre de pavés employés ?

5° La caisse de savon de Marseille vaut 45 fr. : quel sera le prix de 250 caisses ?

6° Un rentier qui a 3 000 fr. de revenu ne dépense que 5 fr. par jour : combien économise-t-il par année ?

Questionnaire. — 65. Pour multiplier un nombre composé de plusieurs chiffres par un autre nombre composé de plusieurs chiffres, que faut-il faire ? — 66. Que dites-vous de chacun de ces produits partiels ? — 67. Que doit-on remarquer en multipliant par chacune des unités d'un nombre quelconque ? — 68. Que fait-on quand on veut multiplier un nombre par 10 ? par 100 ? — 69. Que ferait-on si l'on avait à multiplier deux nombres suivis chacun d'un ou de plusieurs zéros ?

10ᵉ LEÇON.

Division des nombres entiers.

70. La *division* est une opération arithmétique qui a pour objet, le produit d'une multiplication et l'un de ses facteurs étant donnés, de trouver l'autre facteur.

71. Du point de vue de la division, le produit de la multiplication se nomme *dividende;* le facteur connu, *diviseur;* celui que l'on cherche, *quotient.*

72. D'après cette définition, nous devons conclure que le diviseur est en rapport avec l'unité comme le dividende est en rapport avec le nombre que l'on cherche, le quotient. Ainsi, si le diviseur contient l'unité cinq, vingt-cinq, cinquante fois, le dividende contiendra aussi le quotient cinq, vingt-cinq, cinquante fois. Si le diviseur n'est que la cinquième, la vingt-cinquième, la cinquantième partie de l'unité, le dividende ne sera que la cinquième, la vingt-cinquième, la cinquantième partie du quotient.

Division d'un nombre composé de plusieurs chiffres par un nombre d'un seul chiffre.

73. Pour faire la division, il faut écrire le dividende et le diviseur sur une même ligne horizontale et séparés par un trait; puis tirer un trait sous le diviseur pour le séparer du quotient, que l'on écrira au-dessous.

Exemple. — Un marchand a payé 5 pièces de vin 875 fr.: à combien revient la pièce?

Opération :

```
Dividende.  875 | 5   Diviseur.
              5  |____
            ____  175  Quotient.
             37
             35
            ____
             25
              0
```

Après avoir disposé l'opération comme ci-dessus, je cherche combien de fois le premier chiffre à gauche du dividende; 8, contient le diviseur 5 : une fois; j'écris 1 au quotient; je multiplie le diviseur 5 par 1 et je pose le produit 5 sous le premier dividende partiel 8 ; je l'en retranche, et j'écris au-dessous le reste 3, à côté duquel j'abaisse 7, et j'ai 37 pour second dividende partiel. Je cherche combien de fois 37 contient le diviseur 5 : 7 fois; je multiplie 5 par 7; j'écris le produit 35 sous le dividende 37; je l'en retranche, et j'écris au-dessous le reste 2, à côté duquel j'écris 5, et j'ai 25 pour troisième dividende partiel. Je cherche aussi combien de fois 25 contient 5 : 5 fois. Je multiplie le diviseur 5 par le quotient 5, et j'obtiens 25, que j'écris sous le dividende 25; je l'en retranche, et j'ai 0 pour reste.

Mon quotient total est 175 fr., prix d'une pièce de vin.

74. Lorsque le dividende partiel est moindre que le diviseur, on écrit un zéro au quotient pour conserver à celui-ci sa valeur réelle.

Exemple. — Un négociant fait 30 666 fr. de ventes en 9 jours : quel est, en moyenne, le chiffre d'affaires qu'il fait en un jour?

$$
\begin{array}{r|l}
\textit{Opération :} \qquad 30\,666 & 9 \\
27 & \overline{\;3\,407} \\
\hline
36 & \\
36 & \\
\hline
066 & \\
63 & \\
\hline
3 & \\
\end{array}
$$

Je dis : En 30 combien de fois 9? 3 fois; j'écris 3 au quotient. Je multiplie 9 par 3; j'écris le produit 27 de cette multiplication sous le dividende 31, je l'en retranche, et j'ai 3 pour différence; j'abaisse le 6 à côté de cette différence, pour former le deuxième dividende partiel, et je dis : En 36 combien de fois 9? Il y est 4 fois : j'écris 4 au quotient. Je multiplie 9 par 4 et j'écris le produit 36 sous le dividende

2.

36; je l'en retranche, et j'ai 0 pour reste. J'abaisse le chiffre suivant et j'ai 6 pour troisième dividende partiel. Continuant la division, je dis : En 6 combien de fois 9? il n'y est pas; je mets 0 au quotient; j'abaisse le chiffre suivant, et j'ai 66, quatrième dividende partiel, que je divise par 9; j'obtiens 7 pour quotient; je multiplie le diviseur 9 par ce quotient, et je retranche le produit 63 du dividende partiel 66.

La vente, par jour, de ce négociant sera de 3.407 fr. et une fraction.

Problèmes. — 1° On a payé 1 620 fr. pour 9 pièces de vin : à combien revient la pièce?

2° Un rentier touche par an 6 835 fr. de revenu : combien a-t-il à dépenser par jour?

3° Que payera-t-on le mètre de drap, sachant que pour 400 mèt. on a déboursé 10 000 fr.?

4° Pour acquitter 5 billets égaux, une maison de commerce a payé 7 850 fr. : de quelle valeur est chaque billet?

5° Un commerçant reçoit en moyenne, par semaine de 6 jours, 55 240 fr. : dites ce qu'il reçoit par jour.

6° 80 mèt. de velours ont été payés 1 920 fr. : combien payera-t-on 1 mèt.?

Questionnaire. — 70. Qu'est-ce que la division? — 71. Qu'appelle-t-on diviseur, dividende, quotient? — 72. Dans quel rapport le dividende est-il avec le diviseur? — 73. Pour opérer la division que faut-il faire? — 74. Que faut-il faire lorsque le dividende partiel est trop faible?

11e LEÇON.

Division d'un nombre composé de plusieurs chiffres par un nombre de plusieurs chiffres.

75. Quand le diviseur, dans une division, est composé de plusieurs chiffres, l'opération, quoique présentant plus de difficultés, se fait comme précédemment.

Exemple. — Un marchand a acheté 156 pièces de vin pour la somme de 72 384 fr. : à combien lui revient la pièce ?

$$
\begin{array}{r|l}
72384 & 156 \\
624 & \overline{464} \\
\hline
998 & \\
936 & \\
\hline
624 & \\
624 & \\
\hline
0 &
\end{array}
$$

Commençant cette opération comme l'opération précédente, je dis : En 723 combien de fois 156? 4 fois ; multipliant le diviseur 156 par 4, j'ai pour résultat 624, que j'écris sous 723, premier dividende partiel ; j'opère la soustraction, et j'ai pour reste 99, à côté duquel j'abaisse 8 pour former le deuxième dividende partiel 998 ; continuant, je dis : En 998 combien de fois 156? 6 fois ; j'écris 936, résultat de 156 multiplié par 6, sous 998 ; je l'en retranche, et j'ai pour reste 62, à côté duquel je descends 4 pour composer le troisième dividende partiel 624 ; en 624 combien de fois 156? 4 fois; je multiplie 156 par 4 et je pose le résultat de cette multiplication ou 624 sous le dividende 624, et après l'en avoir retranché, j'ai pour reste 0.

Le prix de la pièce de vin est donc de 464 fr.

76. Mais cette manière de faire la division est fort longue. On l'abrége en retranchant successivement des dividendes partiels les produits des multiplications successives du diviseur par les quotients partiels.

Exemple. — Une manufacture existe depuis 15 ans et a fabriqué, depuis cette époque, 345650 mèt. d'étoffe : quelle a été en moyenne, par an, la fabrication de cette maison ?

Opération :

```
345650 | 15
  45    |————————
  065   | 23043
   50
    5
```

Je dis : en 34 combien de fois 15 ? 2 fois. Je multiplie le diviseur 15 par 2, et soustrais en même temps de cette manière : 2 fois 5 font 10 ; 10 ôtés de 14, il reste 4, que j'écris au-dessous des unités du premier dividende partiel ; 1 fois 2 fait 2 et 1 de retenue 3 ; 3 ôtés des 3 dizaines du dividende partiel, il reste 0. A côté du reste 4 j'abaisse 5 ; je dis : en 45 combien de fois 15 ? 3 fois. Je multiplie : 3 fois 5 font 15 ; 15 ôtés de 15 au second dividende partiel, il reste 0, que j'écris au-dessous ; 3 fois 1 font 3 et 1 de retenue 4 ; 4 ôtés de 4, il ne reste rien. A côté du 0 j'abaisse 6. En 6 combien de fois 15 ? il n'y est pas ; j'écris 0 au quotient et j'abaisse 5 à côté de 6. Puis : en 65 combien de fois 15 ? 4 fois. Je multiplie : 4 fois 5 font 20 ; 20 ôtés de 25 au dividende partiel, il reste 5, que j'écris ; 1 fois 4 fait 4 et 2 de retenue 6 ; 6 ôtés de 6, il ne reste rien. A côté du 5 j'abaisse 0. En 50 combien de fois 15 ? 3 fois. Je multiplie : 3 fois 5 font 15 ; 15 ôtés de 20, il reste 5, que j'écris ; 1 fois 3 fait 3 et 2 de retenue 5 ; 5 ôtés de 5, il ne reste rien. J'ai donc pour quotient 23 043, et pour reste 5.

La fabrication moyenne de cette maison a donc été de 23 043 mèt., plus cinq quinzièmes de mèt. ou un tiers de mètre.

77. Dans toute division on doit remarquer : 1º que le produit du diviseur par le quotient partiel doit toujours être moindre ou égal au dividende partiel pour pouvoir en être retranché ; 2º que le reste de toute division partielle doit toujours être moindre que le diviseur ; 3º que le quotient partiel ne doit jamais être que l'un des neuf premiers nombres, c'est-à-dire qu'il ne peut jamais être plus élevé que 9 ; 4° que lorsque le dividende partiel est moindre que le diviseur, on doit écrire un 0 au quotient et abaisser au dividende le chiffre suivant pour former le nouveau dividende partiel.

Problèmes. — 1° Une pièce de vin a été payée 456 fr. : à combien revient le litre, sachant qu'elle en contient 365 ?

2° Les frais d'une maison de commerce s'élèvent, par mois (de 26 jours), à 10 500 fr. : à combien s'élèvent-ils par jour ?

3° Un caissier reçoit, en moyenne, par mois (de 26 jours) 166 200 fr.: quelle est sa recette d'un jour ?

4° La pièce de drap de 45 mèt. vaut 1 152 fr. : quel est le prix du mètre ?

5° Les traitements de 25 employés s'élèvent par année, en moyenne, à 63 750 fr. : quel est le traitement de chaque employé ?

6° On consomme dans une usine, en un an, 9 360 kilog. de houille : quelle est la consommation journalière, les jours de travail étant estimés à 312 ?

Questionnaire. — 75. Comment se fait la division quand le diviseur est composé de plusieurs chiffres? — 76. N'y a-t-il pas une manière plus abrégée de faire la division? — 77. Que doit-on remarquer dans toute division?

12ᵉ LEÇON.

Preuves de la multiplication et de la division.

78. *Preuve de la multiplication.* La preuve de la multiplication se fait : 1° par la division; 2° en renversant l'ordre des facteurs; 3° par 9.

79. 1° Pour faire la preuve de la multiplication par la division, il faut diviser le produit de cette multiplication

par l'un de ses facteurs; le quotient doit donner l'autre facteur.

Exemple. — Une pièce de vin a coûté 315 fr. : combien coûteront 25 pièces ?

	Opération :		*Preuve :*	

Facteurs. $\begin{cases} 315 \\ 25 \end{cases}$
$\begin{array}{r} 1575 \\ 630 \end{array}$

Produit.   7875

Produit 7875 | 25
     37 | ——— $\Big\}$ Facteurs.
    125 | 315
     00

Les 25 pièces coûteront 7 875 fr.

Après avoir fait la multiplication, nous avons eu pour produit 7875; nous avons ensuite considéré ce produit comme le dividende d'une division et le premier facteur 25 comme son diviseur, et, après avoir opéré, nous avons obtenu pour quotient 315, deuxième facteur de la multiplication. Nous concluons de là que la multiplication a été faite exactement.

80. 2° On peut aussi faire la preuve de la multiplication en renversant l'ordre des deux facteurs.

Opération :

1er facteur.   315
2e facteur.   25
$\begin{array}{r} 1\,575 \\ 630 \\ \hline 7\,875 \end{array}$

Preuve :

2e facteur.   25
1er facteur.   315
$\begin{array}{r} 125 \\ 25 \\ 75 \\ \hline 7\,875 \end{array}$ Produits égaux.

81. 3° Pour faire la preuve de la multiplication par 9, on fait d'abord la somme des chiffres du multiplicande, on la divise par 9, et l'on écrit le reste dans l'angle gauche de la figure $\times$; on agit de même avec les chiffres du multiplicateur, on écrit le reste de la division dans l'angle droit; on multiplie ces deux restes l'un par l'autre et l'on divise leur produit aussi par 9, et l'on écrit le reste de cette division dans l'angle supérieur. En opérant de même sur les chiffres du produit, le reste trouvé doit être semblable au reste de l'angle supérieur.

82. *Preuve de la division.* La preuve de la division se fait : 1° par la multiplication ; 2° par 9.

83. 1° Pour faire la preuve de la division par la multiplication, il faut multiplier le diviseur par le quotient ou celui-ci par le diviseur; le produit de cette multiplication, plus le reste de la division, s'il y en a un, doit égaler le dividende.

Exemple. — 215 ouvriers ont gagné ensemble, en une année, 454080 fr. : combien a gagné chaque ouvrier?

Opération :   *Preuve :*

454080	215		2112 Quotient.
240	2112 Facteurs.		215 Diviseur.
258			10560
430			2112
0			4224
			454080

Chaque ouvrier a gagné 2112 fr.

On a pris le quotient pour multiplicande, le diviseur pour multiplicateur, et le produit est en effet égal au dividende.

84. 2° Pour faire la preuve de la division par 9, on fait la somme des chiffres du diviseur et la somme des chiffres du quotient, on divise chaque somme par 9 et on place les restes dans les deux angles à droite et à gauche; ensuite on les multiplie; on additionne ensemble les chiffres du produit et ceux du reste, on divise par 9 et l'on met le reste dans l'angle supérieur. En additionnant ensuite les chiffres du dividende, divisant leur somme par 9, on doit retrouver le même reste que dans l'angle supérieur et on l'écrit dans l'angle inférieur.

Exemple. — Soit 345 650 à diviser par 15, ce qui donne 23 043 pour quotient et 5 pour reste.

$5 + 1 = 6$, que j'écris à droite ; $2 + 3 + 4 + 3 = 12$, qui divisé par 9 donne pour reste 3, que j'écris à gauche. $3 \times 6 = 18 +$ le reste $5 = 23$, qui divisé par 9 donne 5 pour reste. En additionnant les chiffres du dividende $3 + 4 + 5 + 6 + 5 + 0 = 23$, et en divisant par 9, on a le même reste 5.

Questionnaire. — 78. Comment se fait la preuve de la multiplication ? — 79. Pour faire la preuve de la multiplication par la division, que doit-on faire ? — 80. Comment fait-on encore la preuve de la multiplication ? — 81. Quelle est la preuve de la multiplication par 9 ? — 82. Comment fait-on la preuve de la division ? — 83. Dites comment on fait la preuve de la division par la multiplication. — 84. Comment la fait-on par 9 ?

13ᵉ LEÇON.

Addition des nombres décimaux.

85. Pour faire l'addition des nombres décimaux, il faut écrire les fractions d'unités de même espèce les unes sous les autres, les dixièmes sous les dixièmes, les centièmes sous les centièmes, les millièmes sous les millièmes, etc., en figurant les unités par un zéro séparé des décimales par une virgule.

Exemples. — 1° Un marchand a vendu les cinq coupons de drap suivants : $0^m,75$, $0^m,25$, $0^m,80$, $0^m,70$ et $0^m,45$. Quel est le métrage total de ces coupons ?

2.

Opération :

$$0^m,75$$
$$0^m,25$$
$$0^m,80$$
$$0^m,70$$
$$0^m,45$$
$$\overline{}$$
$$2^m,95$$

En additionnant, j'ai obtenu $2^m,95$ pour le total des cinq coupons.

2° Un commerçant achète $5^m,75$ de toile; $4^m,15$; $8^m,75$; $9^m,85$; $3^m,25$; $35^m,45$: combien de mètres et de centimètres a-t-il acheté?

Opération :

$$5^m,75$$
$$4^m,15$$
$$8^m,75$$
$$9^m,85$$
$$3^m,25$$
$$35^m,45$$
$$\overline{}$$
$$67^m,20$$

En additionnant ces six coupons de toile, j'ai trouvé $67^m,20$.

86. Quand les nombres décimaux que l'on doit additionner ne sont pas tous composés de fractions de même nature, en d'autres termes, quand ils n'ont pas le même nombre de chiffres, on peut écrire à la droite de ceux qui en ont le moins un nombre suffisant de zéros pour rendre l'opération plus facile.

Soit, par exemple, à additionner $3^m,75$ et $4^m,1025$, ou à soustraire le deuxième nombre du premier, on peut, en ajoutant deux zéros, écrire ainsi les deux opérations :

Addition :		*Soustraction :*	
	3,7500		3,7500
	4,1025		4,1025
	4,8525		2,6475

Soustraction des nombres décimaux.

87. Pour faire la soustraction des nombres décimaux, il faut écrire le nombre le plus faible sous le nombre le plus fort, de telle sorte que les fractions d'unités de même espèce soient placées exactement les unes sous les autres, les dixièmes sous les dixièmes, les centièmes sous les centièmes, etc.

Exemples. — 1° Pour fabriquer un objet d'art du poids de 0 kilog.,405 d'or, un fabricant ne possède que 0 kilog.,399 : que doit-il ajouter à cette dernière quantité ?

Opération :

$$\begin{array}{r} 0{,}405 \\ 0{,}399 \\ \hline 0{,}006 \end{array}$$

Le nombre à ajouter serait 0 kilog.,006 millièmes.

2° Un marchand avait 49 kilog.,805 d'huile ; il a vendu 27 kilog.,058 : combien lui en reste-t-il ?

Opération :

$$\begin{array}{r} 49{,}805 \\ 27{,}058 \\ \hline 22{,}747 \end{array}$$

Il lui en reste 22 kilog.,747.

Problèmes. — 1° Quel serait le revenu d'une personne qui aurait dépensé dans une année 1 254 fr.,75 pour sa nourriture, 545 fr. pour son loyer, 495 fr.,35 pour son entretien, 843 fr.,85 pour ses plaisirs, et à qui il resterait 861 fr.,05 ?

2° Un fossé a été creusé par trois terrassiers : le premier a fait 13 mèt.,26 ; le second, 9 mèt.,545 ; le troisième, 2 mèt.,195 : quelle est la longueur du fossé ?

3° Quatre barres de fer mises bout à bout se sont allongées, par suite du changement de température, la première de 0 mèt.,0005445, la seconde de 0 mèt.,0003862, la troisième de 0 mèt.,0001815, la quatrième de 0 mèt.,0007260 : que est l'allongement total des quatre barres ?

4º On avait à faire un ouvrage de 70 mèt.,66 ; on en a fait 46 mèt.,23 : combien reste-t-il à faire ?

5º Une personne pèse 53 kilog.,124 ; une année après, elle ne pèse plus que 52 kilog.,897 : combien a-t-elle perdu de son poids ?

6º Pour la même longueur et la même température, une barre de fer s'est allongée de 0 mèt.,0001936, et une barre d'argent de 0 mèt.,0003072 : quel est le métal le plus dilatable et de combien ?

Questionnaire. — 85. Comment fait-on l'addition des nombres décimaux ? — 86. Que fait-on quand les nombres décimaux à additionner ne sont pas composés de fractions de même nature, c'est-à-dire quand ils n'ont pas le même nombre de chiffres ? — 87. Comment fait-on la soustraction des nombres décimaux ?

14ᵉ LEÇON.

Multiplication des nombres décimaux.

88. Pour faire la multiplication des nombres décimaux, on écrit le multiplicateur sous le multiplicande, on souligne et l'on opère comme sur des nombres entiers, en séparant par une virgule à la droite du produit autant de décimales qu'il y en a dans les deux facteurs.

Exemples. — 1º On veut connaître la surface d'une tablette ayant 0ᵐ,756 de longueur sur 0ᵐ,470 de largeur ; or, pour obtenir une surface, il faut multiplier la longueur par la largeur.

Opération :

$$
\begin{array}{r}
0,470 \\
0,756 \\
\hline
2820 \\
2350 \\
3290 \\
\hline
0,355320
\end{array}
$$

J'écris le nombre multiplicateur 0,470 millièmes, au-dessous duquel j'écris 0,756 millièmes, puis je multiplie chacun des chiffres du premier nombre par chacun des chiffres du second, et je pose chaque produit au rang qu'il doit occuper.

La surface de la tablette est de $0^m,3553$, nombre décimal dont l'étude du système métrique permettra d'apprécier la grandeur.

2° Quelle est la surface d'une pièce qui a $3^m,25$ de long sur $2^m,894$ de large ?

Opération :

2894
325
————
4 4470
5788
8682
————
9,40550

Je multiplie les deux facteurs l'un par l'autre, abstraction faite de la virgule, et je sépare au produit 5 décimales, parce qu'il y a 5 décimales dans les deux facteurs.

Le résultat est 9 mèt. car.,4055 (même observation que plus haut).

89. Quand le produit de deux nombres décimaux ne présente pas autant de décimales qu'il en faudrait pour placer la virgule, on doit faire précéder ce produit d'autant de zéros qu'il manque de chiffres. Dans l'opération qui suit, il faut séparer six décimales, et le produit n'a que six chiffres; il faut donc faire précéder celui-ci d'un zéro, puis d'une virgule, pour figurer les entiers qui manquent. En agissant ainsi, on donne au produit la valeur qu'il doit avoir.

Exemple. — Soit à multiplier $0^m,095$ par $0^m,053$.

Opération :

95
53
————
285
475
————
0,005035

Je multiplie 95 par 53, comme si c'étaient deux nombres

entiers, ce qui donne le produit 5035. Mais les deux facteurs ont ensemble 6 décimales et il faut au produit 6 chiffres décimaux : je mets 3 zéros à la gauche du produit et une virgule après le premier.

Le résultat est donc $0^m,005035$.

Division des nombres décimaux.

90. Quand le dividende et le diviseur d'une division de nombres décimaux n'ont pas le même nombre de décimales, on écrit à la droite de celui qui en a le moins autant de zéros qu'il manque de chiffres pour rendre ce nombre égal à l'autre; puis on retranche de part et d'autre la virgule et l'on opère comme sur des nombres entiers.

Exemples.—1° Une glace a $0^m,7125$ de superficie et $0^m,75$ de largeur : quelle est sa hauteur?

J'écris le dividende $0^m,7125$, et à sa droite le diviseur $0^m,75$, que je réduis en dix-millièmes ou $0^m,7500$; puis, faisant abstraction de la virgule et des zéros représentant les unités, j'ai à diviser 7125 par 7500, ce qui n'est pas possible.

Mais étant donné un reste de division, on peut toujours l'évaluer en décimales en ajoutant un zéro au reste pour avoir au quotient des dixièmes, un zéro au second reste pour avoir des centièmes, et ainsi de suite.

Appliquons cette règle au problème proposé.

Opération :

$$\begin{array}{r|l} 71250 & 7500 \\ 37500 & \overline{} \\ 0 & 0,95 \end{array}$$

La division primitive ne donnant pas d'entiers, je mets au quotient un zéro suivi d'une virgule. 7125 est un reste que je change en dixièmes en mettant un zéro à sa droite; j'ai pour quotient 9, que je place après la virgule au rang des dixièmes. La multiplication et la soustraction étant faites, il reste 3750 dixièmes, que je change en centièmes en écrivant à sa droite un nouveau zéro. La division donne pour quotient

5 centièmes, que j'écris, et la multiplication reproduit exactement le dividende partiel.

La hauteur de cette glace est donc de 0^m,95.

2° Un ouvrier doit faire un ouvrage de 49^m,580; il ne peut en faire en un jour que 1^m,34 : combien y mettra-t-il de jours?

Je divise d'après la règle 49580 par 1340 et je trouve pour quotient 37.

L'ouvrier emploiera donc à son travail 37 jours.

Problèmes. — 1° Un ouvrier reçoit par mètre d'ouvrage 5 fr.,68 : que lui rapportera un ouvrage de 39^m,793?

2° Combien coûteraient 18^m,85 de soie à raison de 9 fr.,54 le mètre?

3° Si le cuivre se dilate de 0^m,00001893 par mètre, quelle serait la dilatation d'une barre de 0^m,298 ?

4° On a payé 1283 fr.,55 pour un ouvrage de 93^m,628 : à combien revient le mètre ?

5° Par suite d'une convention, un marchand a donné 79 lit.,569 d'huile pour 94^m,725 d'ouvrage : combien était-ce par mètre?

6° Quel est le quotient exact de 0,009264 par 0,048 ?

91. La preuve de l'addition, de la soustraction, de la multiplication et de la division des nombres décimaux se fait comme celle des entiers.

15ᵉ LEÇON.

Des fractions ordinaires.

92. On appelle *fraction* une ou plusieurs parties de l'unité partagée en un certain nombre de parties égales.

Supposons une pomme partagée en quatre parties : chacune de ces parties sera une fraction de la pomme et s'appellera un quart ; si nous prenons trois de ces parties, ces trois parties seront une fraction et s'appelleront trois quarts.

93. Pour représenter une fraction, on écrit les deux nombres qui doivent la figurer l'un au-dessous de l'autre et séparés par un trait.

94. Le nombre supérieur s'appelle *numérateur,* et le nombre inférieur *dénominateur.* Le premier indique le nombre de parties d'unité que contient la fraction ; le second dit de quelle espèce sont ces parties.

95. Pour énoncer une fraction, on lit d'abord le *terme supérieur,* puis le *terme inférieur,* en le faisant suivre de la terminaison *ième.*

Ainsi, si nous avions à énoncer $\frac{4}{5}$, nous dirions *quatre cinquièmes;* et $\frac{5}{6}$, nous dirions *cinq sixièmes;* et $\frac{7}{8}$, nous dirions *sept huitièmes.*

96. La terminaison *ième* ne s'ajoute pas aux fractions qui ont 2, 3 et 4 pour dénominateur.

Ainsi, $\frac{1}{2}$, $\frac{2}{3}$, $\frac{3}{4}$, se prononcent *une demie, deux tiers, trois quarts.*

97. Une fraction est toujours inférieure à l'unité. Dans ce cas seulement elle est une fraction réelle ; dans ce cas encore le numérateur est toujours plus petit que le dénominateur.

Ainsi la fraction $\frac{3}{4}$ est moindre que l'unité, puisqu'ici l'unité est partagée en huit parties, et que nous ne possédons que cinq de ces parties; $\frac{8}{8}$ est égal à l'unité, puisque, si l'unité est partagée en huit parties, nous les avons toutes les huit; et $\frac{15}{8}$ est supérieur à l'unité, puisque nous avons quinze parties dont il n'en faudrait que huit pour composer l'unité. Ces deux derniers nombres ne sont plus des fractions, mais des nombres fractionnaires.

98. La grandeur d'une fraction dépend donc du rapport qui existe entre les parties du numérateur et du dénominateur comparées entre elles.

La fraction $\frac{7}{8}$ est plus grande que la fraction $\frac{5}{8}$: dans les deux cas, l'unité est partagée en huit parties égales; mais dans le premier cas nous avons sept de ces parties, tandis que nous n'en avons que cinq dans le deuxième.

99. En multipliant le numérateur ou en divisant le dénominateur d'une fraction par un nombre, on rend cette fraction autant de fois plus forte que l'unité est contenue dans ce nombre.

Ainsi la fraction $\frac{8}{24}$ égale le tiers de l'unité; si on voulait la rendre trois fois plus forte, ou l'égaler à l'unité, il suffirait de multiplier le numérateur 8 par 3 : on obtiendrait $\frac{24}{24}$, ou un entier; et en divisant le dénominateur 24 par 3, on obtiendrait $\frac{8}{8}$, ou un entier.

100. En divisant le numérateur ou en multipliant le dénominateur d'une fraction par un nombre, on rend cette fraction autant de fois plus faible qu'il y a d'unités dans ce nombre.

Ainsi la fraction $\frac{9}{12}$ égale les $\frac{3}{4}$ de l'unité, car 9 sont les trois quarts de 12. Si on voulait la rendre trois fois plus faible, il suffirait de diviser son numérateur par 3 : on obtiendrait $\frac{3}{12}$, fraction trois fois plus faible que la première, car, au lieu d'avoir les trois quarts de l'unité, nous n'en avons plus que le quart, puisque 3 n'est que le quart de 12. Et si l'on voulait obtenir le même résultat, on multiplierait son dénominateur 12 par 3 : on obtiendrait $\frac{9}{36}$, fraction trois fois plus faible que la première, puisque, au lieu d'avoir les trois quarts de l'unité, nous n'en avons plus que le quart, 9 étant le quart de 36.

101. En multipliant ou en divisant les deux termes d'une fraction par un même nombre on n'en change pas la valeur.

Soient les deux termes de la fraction $\frac{9}{12}$. En multipliant le numérateur 9 par 3 nous obtiendrons $\frac{27}{12}$, nombre trois fois plus grand que le premier, puisque dans le nombre proposé nous avons 9 parties dont il en faudrait 12 pour faire l'unité, et que, dans le résultat, nous avons 27 de ces mêmes parties; mais en multipliant ensuite le dénominateur 12 par 3, nous obtiendrons $\frac{27}{36}$, nombre trois fois plus petit que $\frac{27}{12}$; car si le nombre de parties exprimé par le nombre 27 reste le même, la nature de ces parties est changée : l'unité est partagée en parties trois fois plus petites. La fraction n'a donc pas changé. Dans $\frac{9}{12}$ nous avons les $\frac{3}{4}$ de l'unité ainsi que dans $\frac{27}{36}$.

Le raisonnement serait le même si l'on divisait les deux termes par 3, cequi donnerait $\frac{3}{4} = \frac{9}{12}$.

Questionnaire.—**92.** Qu'appelle-t-on fraction? Donnez l'exemple d'unefraction. — **93.** Comment représente-t-on une fraction? — **94.** Quel nom donne-t-on aux deux termes d'une fraction? — **95.** Que fait-on pour énoncer une fraction? — **96.** Comment s'énoncent les fractions dont le dénominateur est 2, 3 ou 4? — **97.** Que dites-vous d'une fraction relativement à l'unité? — **98.** De quoi dépend la grandeur d'une fraction? — **99.** Que fait-on quand on multiplie le numérateur d'une fraction ou quand on divise son dénominateur par un nombre? — **100.** Que fait-on quand-on divise son numérateur ou qu'on multiplie son dénominateur par un nombre? — **101.** Qu'arrive-t-il quand on multiplie ou quand on divise les deux termes d'une fraction par un même nombre?

＊＊＊

16e LEÇON.

Réduction des fractions.

102. On appelle *réductions de fractions* certains changements, certaines transformations qu'on leur fait subir, sans que pour cela elles changent de valeur.

103. Ces réductions sont au nombre de trois :

1° Réduction d'entiers seuls ou accompagnés de fractions en une seule fraction;

2° Réduction de nombres fractionnaires en entiers;

3° Réduction de plusieurs fractions au même dénominateur.

104. *Premier cas.* Pour réduire un nombre entier en fraction, il faut multiplier le nombre entier par le dénominateur proposé, souligner le produit de cette multiplication et écrire au-dessous le dénominateur proposé.

Exemple.— On veut réduire quatre entiers en cinquièmes.

Dans 1 entier il y a 5 cinquièmes; or, si dans 1 entier il y a 5 cinquièmes, dans 4 entiers il y en a quatre fois plus, ou quatre fois 5 cinquièmes ou 20 cinquièmes.

$$\textit{Opération :} \qquad \begin{array}{r} 4 \\ \times\ 5 \\ \hline = 20 \end{array} \quad \begin{array}{l} \text{entiers.} \\ \text{Dénominateur proposé.} \\ \dfrac{20}{5} \quad \text{Résultat.} \end{array}$$

105. Pour réduire un nombre entier accompagné d'une fraction en une seule fraction, il faut multiplier le nombre entier par le dénominateur de la fraction, ajouter au produit de la multiplication le numérateur de la fraction, souligner le tout et écrire au-dessous le dénominateur.

Exemple. —On veut réduire en une seule fraction 25 entiers $\frac{5}{6}$.

Dans 1 entier il y a 6 sixièmes; si dans 1 entier il y a 6 sixièmes, dans 25 entiers il y en a 25 fois plus ou 25 fois 6 sixièmes ou $25 \times 6 = 150$ sixièmes $+ \frac{5}{6} = 155$ sixièmes.

$$\textit{Opération :} \qquad \begin{array}{r} 25 \\ \times\ 6 \\ \hline = 150 \\ +\ 5 \\ \hline = 155 \end{array} \quad \begin{array}{l} \text{entiers.} \\ \text{Dénominateur de la fraction.} \\ \\ \text{Numérateur de la fraction.} \\ \dfrac{155}{6} \quad \text{Résultat.} \end{array}$$

106. *Deuxième cas.* Pour réduire un nombre fractionnaire en entiers, ou mieux, pour extraire les entiers contenus dans un nombre fractionnaire, il faut diviser le numérateur de ce nombre par le dénominateur. Si la division donne un reste, ce reste sera le numérateur d'une fraction qui aura pour dénominateur le dénominateur du nombre fractionnaire primitif.

Exemple. — On veut réduire en entiers l'expression fractionnaire $\frac{48}{6}$.

Il faut 6 sixièmes pour faire un entier; or, s'il faut 6 sixièmes pour faire un entier, nous aurons l'entier autant de fois que 6 sera contenu dans 48. En divisant 48 par 6, nous aurons donc le nombre d'entiers que contient $\frac{48}{6}$.

Opération :   Numérateur. 48 | 6 Dénominateur.
Résultat | $=$ 8 entiers.

Si la fraction donnée était $\frac{50}{6}$, le résultat serait 8 entiers $\frac{2}{6}$.

107. *Troisième cas.* Pour réduire deux fractions au même dénominateur, il faut multiplier les deux termes de la première fraction par le dénominateur de la seconde; puis les deux termes de la seconde par le dénominateur de la première.

Exemple. — Réduisez au même dénominateur les fractions $\frac{3}{4}$ et $\frac{2}{3}$.

Opération : $\frac{3}{4}$ $\frac{2}{3}$

$\frac{9}{12}$ $\frac{8}{12}$.

J'écris les deux fractions en regard l'une de l'autre comme ci-dessous :

$$\frac{3}{4} \quad \frac{2}{3},$$

puis je multiplie 3 et 4, numérateur et dénominateur de la première fraction, par 3, dénominateur de la deuxième, et j'ai $\frac{9}{12}$, fraction égale à la première; puis je multiplie 2 et 3, numérateur et dénominateur de la deuxième par 4, dénominateur de la première, et j'ai $\frac{8}{12}$, fraction égale à la deuxième.

Les deux fractions réduites sont donc $\frac{9}{12}$ et $\frac{8}{12}$ et susceptibles de l'addition et de la soustraction.

108. Lorsqu'il y a plus de deux fractions à réduire, on multiplie tour à tour les deux termes de chaque fraction par le produit résultant de la multiplication de tous les dénominateurs restants.

Exemple. — On veut réduire au même dénominateur les fractions $\frac{2}{3}$, $\frac{1}{2}$, $\frac{3}{4}$, $\frac{5}{6}$.

Je multiplie : 1° 2 et 3 par le produit de $2 \times 4 \times 6 = 48$ et j'obtiens $\frac{96}{144}$; 2° 1 et 2 par $3 \times 4 \times 6 = 72$ et j'obtiens $\frac{72}{144}$; 3° 3 et 4 par $3 \times 2 \times 6 = 36$ et j'obtiens $\frac{108}{144}$; 4° 5 et 6 par $3 \times 2 \times 4 = 24$, et j'obtiens $\frac{120}{144}$, fractions égales aux fractions proposées.

109. Il y a une simplification facile quand le plus grand dénominateur est divisible ou peut être ramené à être divisible par les autres dénominateurs. Il faut diviser successivement ce plus grand dénominateur par chaque dénominateur des autres fractions et multiplier les deux termes de chaque fraction par le quotient qui résulte de la division par son dénominateur.

Exemples. — 1° Soit à réduire les fractions $\frac{3}{4}$, $\frac{5}{6}$, $\frac{15}{24}$.

Je divise 24, le plus grand dénominateur, par 4, dénominateur de la première fraction; j'obtiens 6, quotient, par lequel je multiplie les deux termes 3 et 4; j'obtiens $\frac{18}{24}$; je divise de même 24 par 6, dénominateur de la seconde fraction; j'obtiens 4, par lequel je multiplie les deux termes de cette fraction, et j'obtiens $\frac{20}{24}$. La troisième fraction $\frac{15}{24}$ reste telle qu'elle est.

Les fractions réduites sont donc : $\frac{18}{24}$, $\frac{20}{24}$, $\frac{15}{24}$.

2° Soit encore à réduire au même dénominateur $\frac{3}{4}$, $\frac{5}{6}$, $\frac{7}{8}$.

Le dénominateur 8 n'est pas multiple de tous les autres. Mais si on multiplie $\frac{7}{8}$ par 3, on aura $\frac{21}{24}$, et 24 étant multiple de 4 et de 6, on opérera comme précédemment.

Exercices. — Réduire en huitièmes 16 entiers. — Réduire en un seul nombre fractionnaire 4 entiers $\frac{3}{8}$; — 5 entiers $\frac{2}{6}$; — 15 entiers $\frac{11}{15}$; — 35 entiers $\frac{13}{20}$.

Combien 45 entiers contiennent-ils de neuvièmes ? — Réduisez en une seule fraction 72 entiers $\frac{5}{16}$. — Donnez en quinzièmes 50 entiers $\frac{14}{15}$. — Évaluez en quarts 49 entiers $\frac{3}{4}$. — Dites le nombre de vingtièmes de 20 entiers $\frac{19}{20}$.

Réduisez $\frac{15}{5}$ en entiers. — Combien y a-t-il d'entiers dans $\frac{36}{9}$? — On veut réduire $\frac{54}{9}$ en entiers. — Dites combien il y a d'entiers dans $\frac{81}{9}$. — Évaluez en entiers $\frac{125}{25}$. — On demande combien il y a d'entiers dans $\frac{215}{5}$. — Mettez en entiers $\frac{2450}{25}$. — Dites le nombre d'entiers contenus dans $\frac{45}{9}$. — Réduisez en entiers $\frac{1602}{38}$. — Réduisez $\frac{1665}{37}$ en entiers. — Évaluez en entiers $\frac{2280}{5}$.

Réduisez au même dénominateur $\frac{1}{2}$, $\frac{3}{4}$. — Réduisez au même dénominateur $\frac{2}{3}$, $\frac{3}{5}$, $\frac{2}{7}$. — On veut réduire $\frac{5}{6}$, $\frac{2}{8}$, $\frac{2}{3}$, au même dénominateur. — Réduire $\frac{2}{3}$, $\frac{9}{11}$, $\frac{5}{6}$, au même dénominateur.

On désire réduire au même dénominateur $\frac{3}{8}$, $\frac{11}{16}$, $\frac{15}{20}$. — Réduisez au même dénominateur $\frac{5}{6}$, $\frac{2}{3}$, $\frac{11}{12}$, $\frac{7}{8}$. — Réduisez $\frac{5}{12}$, $\frac{7}{15}$, $\frac{8}{16}$, $\frac{9}{20}$. — On se propose de réduire $\frac{2}{3}$, $\frac{7}{6}$, $\frac{1}{2}$, $\frac{3}{4}$. — On veut réduire de même $\frac{1}{2}$, $\frac{11}{18}$, $\frac{2}{3}$, $\frac{15}{24}$, $\frac{7}{8}$. — Réduisez $\frac{9}{15}$, $\frac{11}{18}$, $\frac{5}{8}$, $\frac{9}{16}$, $\frac{15}{24}$.

Questionnaire. — 102. Qu'appelle-t-on réduction de fractions ? — 103. Combien y en a-t-il d'espèces ? — 104. Comment réduit-on des entiers en fractions ? — 105. des entiers accompagnés d'une fraction en une seule fraction ? — 106. Que faut-il faire dans le deuxième cas ? — 107. Comment réduit-on au même dénominateur deux fractions ? — 108. plusieurs fractions ? — 109. Ne peut-on trouver un dénominateur commun plus petit ?

17ᵉ LEÇON.

Addition des fractions.

110. L'addition des fractions présente deux cas : ou elles ont un dénominateur commun, ou leur dénominateur est différent.

111. *Premier cas.* Quand les fractions à additionner ont un dénominateur commun, il faut additionner tous les numérateurs; le total de cette addition est le numérateur d'une nouvelle fraction ou d'une expression fractionnaire dont le dénominateur primitif est le dénominateur.

Exemple. — On veut connaître le total des fractions $\frac{5}{12}$, $\frac{3}{12}$, $\frac{9}{12}$ et $\frac{11}{12}$: quel est-il ?

Opération :

$$+ \begin{array}{r} 5 \\ 3 \\ 9 \\ 11 \end{array}$$

$$= \frac{28}{12} = 2\,\frac{4}{12} = 2\,\frac{1}{3}.$$

Après avoir écrit les uns sous les autres les numérateurs 5, 3, 9, 11, et les avoir additionnés, j'ai obtenu pour total 28 ; j'ai souligné ce nombre et j'ai écrit dessous le dénominateur 12 : j'ai donc obtenu $\frac{28}{12}$, ou 2 entiers et $\frac{4}{12}$. Si les fractions avaient été accompagnées d'entiers à additionner aussi, ce serait 2 entiers à ajouter au total des unités.

112. *Deuxième cas.* Quand les fractions que l'on veut additionner n'ont pas le même dénominateur, il faut les y réduire, et opérer ensuite comme dans le premier cas.

Exemple. — Quel est le total des fractions $\frac{2}{3}$, $\frac{5}{6}$, $\frac{3}{4}$, $\frac{1}{2}$?

Prenant $12 = 6 \times 2$ pour dénominateur commun, puisqu'il est divisible par 3, 6, 4 et 2 (page 45), j'obtiens $\frac{8}{12}$, $\frac{10}{12}$, $\frac{9}{12}$, $\frac{6}{12}$, nouvelles fractions de même valeur que les premières.

Opération :

$$+ \begin{array}{r} 8 \\ 10 \\ 9 \\ 6 \end{array}$$

$$= \frac{33}{12} = 2\,\frac{9}{12} = 2\,\frac{3}{4}.$$

Après avoir effectué l'addition des numérateurs 8, 10, 9 et 6, j'ai obtenu 33, numérateur nouveau, qui a pour dénominateur 12, ou $\frac{33}{12}$, ou deux entiers et $\frac{3}{4}$.

Soustraction des fractions.

113. La soustraction des fractions offre, comme l'addition, deux cas différents.

114. *Premier cas.* Ou les deux fractions ont le même dénominateur : dans ce cas, il faut retrancher du numérateur le plus fort le numérateur le plus faible ; le reste, ou leur différence, sera le numérateur d'une nouvelle fraction qui aura pour dénominateur le dénominateur primitif.

Exemple. — On veut retrancher $\frac{5}{12}$ de $\frac{11}{12}$: quel sera le reste ?

Opération :

$$\begin{array}{r} 11 \\ -\ 5 \\ \hline \end{array} = \frac{6}{12} = \frac{1}{2}.$$

Après avoir retranché 5, numérateur de la fraction la plus faible, de 11, numérateur de la fraction la plus forte, j'ai obtenu 6 pour le reste ; j'ai souligné ce reste et j'ai écrit au-dessous 12, dénominateur primitif : $\frac{5}{12}$ retranché de $\frac{11}{12}$ égale donc $\frac{6}{12} = \frac{1}{2}$.

115. *Deuxième cas.* Ou les deux fractions n'ont pas le même dénominateur : dans ce cas, il faut les y réduire (107), et opérer ensuite comme dans le premier cas.

Exemple. — On veut retrancher $\frac{3}{4}$ de $\frac{7}{8}$: quelle sera la différence ?

Je réduis les fractions $\frac{3}{4}$ et $\frac{7}{8}$ au même dénominateur, et j'obtiens $\frac{24}{32}$ et $\frac{28}{32}$; puis je retranche la première de la seconde.

Opération :

$$\begin{array}{r} 28 \\ -\ 24 \\ \hline \end{array} = \frac{4}{32} = \frac{1}{8}.$$

Après avoir retranché le numérateur de la plus petite

fraction, 24, du numérateur de la plus forte, 28, j'ai obtenu 4 pour différence ; je souligne 4 et j'écris au-dessous 32, dénominateur commun primitif. Le résultat est donc $\frac{4}{32}$ ou $\frac{1}{8}$.

Si les deux nombres proposés contenaient des entiers, je retrancherais ensuite les unités du plus petit nombre des unités du plus grand, et j'écrirais le reste au-dessous. Si le numérateur de la fraction à soustraire était plus fort, j'emprunterais au nombre entier supérieur une unité que je réduirais en fraction de même dénominateur et que j'additionnerais avec la fraction supérieure, ce qui rendrait la soustraction possible.

Problèmes. — 1° Un marchand possède trois coupons de toile : le 1er, de $\frac{2}{3}$; le 2e, de $\frac{5}{6}$, et le 3e, de $\frac{3}{4}$ de mètre : combien font-ils en tout ?

2° On a vendu d'un coupon de drap les $\frac{3}{4}$, puis les $\frac{5}{6}$; il en reste 1 mètre $\frac{1}{2}$: quelle était la longueur de ce coupon ?

3° Un vase contenait $\frac{5}{6}$ de litre de vin : quelle quantité faudrait-il en extraire pour qu'il en restât $\frac{1}{4}$ de litre ?

4° En une heure une fontaine donne 45 mètres cubes $\frac{3}{4}$ d'eau ; une autre en donne 16 mètres cubes $\frac{11}{12}$: dites l'excédant de la première sur la seconde.

5° Une fontaine en coulant pendant 18 jours remplira un bassin ; une autre le remplira en 12 jours : quelle partie du bassin rempliront-elles si on les laisse couler ensemble pendant 3 jours ?

6° Un tisserand fait une pièce de toile en 20 jours ; un autre fait la même pièce en 30 jours : combien de toile feront-ils en travaillant le premier 5 jours, le second 10 ?

Questionnaire. — 110. Combien de cas présente l'addition des fractions ? —111. Dites le premier ; — 112. le second.— 113. Combien la soustraction des fractions et des nombres fractionnaires offre-t-elle de cas ? — 114. Dites le premier ; — 115. le second.

18ᵉ LEÇON.

Multiplication des fractions.

116. La multiplication des fractions et des nombres fractionnaires présente trois cas; il faut multiplier : 1° ou une fraction par une autre fraction; 2° ou un nombre entier par une fraction; 3° ou des entiers accompagnés d'une fraction par des entiers également accompagnés d'une fraction.

117. *Premier cas.* Quand on a à multiplier une fraction par une fraction, il faut multiplier le numérateur de la fraction multiplicande par le numérateur de la fraction multiplicateur, et multiplier le dénominateur de la fraction multiplicande par le dénominateur de la fraction multiplicateur.

Exemple. — Un propriétaire a acheté les $\frac{4}{5}$ d'une terre ; il cède à un ami les $\frac{2}{3}$ de son achat : quelle fraction de la terre chacun possède-t-il?

Opération :
$$\frac{4}{5} \times \frac{2}{3} = \frac{8}{15}.$$

On aura la part du second en cherchant le produit de $\frac{4}{5}$ par $\frac{2}{3}$. Après avoir disposé l'opération comme ci-dessus, je multiplie 4 par 2, les deux numérateurs l'un par l'autre, et j'obtiens 8 pour résultat; je multiplie ensuite 5 par 3, et j'obtiens 15 pour second résultat : le résultat ou produit est donc $\frac{8}{15}$, part du second. Le premier aura $\frac{4}{5} = \frac{12}{15} - \frac{8}{15} = \frac{4}{15}$.

118. *Deuxième cas.* Pour multiplier un entier par une fraction, et réciproquement, il faut mettre les entiers sous forme de fraction et opérer ensuite comme dans le premier cas.

Exemple. — Un particulier doit 120 fr.; il n'en a que les $\frac{5}{6}$: combien a-t-il?

Opération :
$$\frac{120}{1} \times \frac{5}{6} = \frac{600}{6} = 100 \text{ fr.}$$

3.

Après avoir écrit 25 comme numérateur d'une fraction dont l'unité est le dénominateur, je multiplie $\frac{120}{1}$ par $\frac{5}{6}$ et j'obtiens pour résultat $\frac{600}{6} = 100$.

119. *Troisième cas.* Pour multiplier un nombre entier accompagné d'une fraction par un autre nombre entier également accompagné d'une fraction, il faut réduire le nombre multiplicande et le nombre multiplicateur en expressions fractionnaires de même nature que celles qui les accompagnent (105).

Exemple. — Un négociant paye en étoffes un travail de menuiserie à raison de 2 mètres $\frac{1}{2}$ d'étoffe par mètre d'ouvrage : combien devra-t-il donner d'étoffe pour 3 mètres $\frac{5}{6}$ d'ouvrage ?

Opération :
$$\frac{5 \times 23}{2 \times 6} = \frac{115}{22} = 9 \text{ mèt. } \tfrac{7}{12}.$$

Après avoir réduit $2\frac{1}{2}$ en demies (105) et $3\frac{5}{6}$ en sixièmes, j'ai obtenu $\frac{5}{2}$ et $\frac{23}{6}$; j'ai multiplié les deux termes de la première fraction $(\frac{5}{2})$ par les deux termes de la seconde $(\frac{23}{6})$, et j'ai obtenu $\frac{115}{12} = 9$ mèt. $\frac{7}{12}$.

Problèmes. — 1° Un coupon d'étoffe avait $\frac{2}{9}$ de mètre de longueur ; on en prend les $\frac{3}{4}$: que reste-t-il ?

2° Les $\frac{2}{3}$ des $\frac{3}{4}$ de la longueur d'un jardin font 32 mètres : quelle est sa longueur totale ?

3° Un tailleur doit habiller 12 personnes : quelle quantité de drap prendra-t-il, s'il faut 3 mèt. $\frac{3}{4}$ pour habiller une personne ?

4° De deux coupons d'étoffe, l'un a 17 mètres $\frac{1}{3}$ et le second est les $\frac{4}{5}$ du premier : combien le second a-t-il de mètres ?

5° Un ouvrier fait un mètre d'étoffe en 2 heures $\frac{3}{4}$: combien fera-t-il de mètres en 8 heures $\frac{1}{2}$?

6° Quatre personnes sont appelées à se partager un héritage. La première en doit prendre le $\frac{1}{3}$, la deuxième les $\frac{2}{5}$ de ce qui reste, la troisième les $\frac{3}{4}$ du reste et la quatrième a 8 000 fr. : on demande le montant de l'héritage et la part de chacun.

Questionnaire. — 116. Combien de cas présente la multiplication des fractions et des nombres fractionnaires? — 117. Énoncez le premier; — 118. le deuxième; — 119. le troisième.

———○———

19ᵉ LEÇON.

Division des fractions.

120. La division des fractions et des nombres fractionnaires présente, comme la multiplication, trois cas différents.

121. *Premier cas.* Pour diviser une fraction par une fraction, il faut renverser la fraction diviseur, puis multiplier la fraction dividende par la fraction diviseur ainsi renversée.

Exemple. — On veut diviser une bande de velours de $\frac{2}{3}$ de mètre en morceaux ayant $\frac{7}{8}$ de mètre : quelle sera la longueur de chaque morceau ?

$$\textit{Opération :} \qquad \frac{2 \times 8}{3 \times 7} = \frac{16}{21}.$$

Je renverse les deux termes de la fraction diviseur $\frac{7}{8}$, et j'ai $\frac{8}{7}$; puis je multiplie terme à terme les deux numérateurs ou 2 par 8, j'obtiens $2 \times 8 = 16$; je multiplie ensuite les deux dénominateurs ou 3 par 7, et j'obtiens $3 \times 7 = 21$. Le quotient de $\frac{2}{3}$ divisé par $\frac{7}{8}$ ou la longueur de chaque morceau est donc $\frac{16}{21}$ de mètre.

122. *Deuxième cas.* Pour diviser un ou plusieurs entiers par une fraction, et réciproquement, il faut placer l'entier ou les entiers sous forme de fraction, et opérer ensuite comme dans le premier cas.

Exemple. — Soit à diviser 6 mètres d'étoffe en morceaux ayant chacun $\frac{3}{4}$ de mètre.

$$\textit{Opération :} \qquad \frac{6 \times 4}{1 \times 3} = \frac{24}{3} = 8 \text{ entiers.}$$

Je mets 6 entiers sous forme de fraction, ou $\frac{6}{1}$, dividende que je multiplie par la fraction $\frac{3}{4}$ renversée $= \frac{4}{3}$, et j'obtiens 8 entiers pour quotient. On aura donc 8 morceaux.

123. *Troisième cas.* Si l'on avait à diviser un nombre entier accompagné d'une fraction par un autre nombre entier accompagné d'une fraction, il faudrait réduire les deux nombres entiers en expressions fractionnaires de même nature que celles qui les accompagneraient (105), et opérer ensuite comme sur deux fractions.

Exemple. — Un ouvrier a fait 16 mètres $\frac{3}{4}$ d'étoffe en 5 jours $\frac{2}{3}$: combien en faisait-il par jour ?

Opération :
$$\frac{67 \times 3}{4 \times 17} = \frac{204}{68} = 2 \tfrac{65}{68}.$$

Je réduis 16 $\frac{3}{4}$ en quarts et 5 $\frac{2}{3}$ en tiers, et j'obtiens $\frac{67}{4}$ et $\frac{17}{3}$, puis ayant renversé la fraction diviseur $\frac{17}{3}$ et obtenu $\frac{3}{17}$, je multiplie terme à terme les deux numérateurs, 67 par 3, égale 204 ; puis je multiplie les deux dénominateurs, 4 par 17, et j'obtiens 68,

ou
$$\frac{67 \times 3}{4 \times 17} = \frac{204}{68} = 2 \text{ mèt. } \tfrac{65}{68} \text{ pour quotient.}$$

Problèmes. — 1° En une heure, un cavalier parcourt les $\frac{4}{9}$ et un piéton les $\frac{2}{15}$ d'une route : combien de fois le cavalier va-t-il plus vite que le piéton ?

2° Il passe sous un pont et en une minute 1 340 mèt. cubes $\frac{11}{20}$ d'eau : combien en passe-t-il sous chaque arche si elles sont au nombre de 5 et de même ouverture ?

3° Une allée a 173 mèt. $\frac{1}{2}$ de longueur : combien une roue qui aurait 1 mèt. $\frac{3}{4}$ de circonférence ferait-elle de tours en la parcourant en droite ligne ?

4° 16 kilog. $\frac{1}{2}$ de pain ont été partagés entre 6 familles : quelle a été la part de chacune d'elles ?

5° Les $\frac{17}{21}$ d'un coupon de soie sont de 13 mèt. : quelle est la longueur du coupon ?

6° Un bassin serait rempli en 2 heures par une fontaine, en 3 heures par une autre fontaine, et vidé en 1 heure $\frac{1}{2}$ par une ouverture : le bassin étant vide, l'eau coulant à la fois par les trois ouvertures, en combien de temps serait-il rempli ?

Conversion des fractions ordinaires en fractions décimales, et réciproquement.

124. Toute fraction ordinaire ou à deux termes doit être considérée comme un reste de division; ce reste est le numérateur, et le diviseur de la division est le dénominateur de cette fraction. Conséquemment, pour réduire une fraction ordinaire en fraction décimale, il faut diviser le numérateur par le dénominateur.

Exemple. — On veut réduire $\frac{3}{4}$ en décimales.

Opération : $3 : 4 = 0{,}75$ centièmes.

La fraction $\frac{3}{4}$ égale $0{,}75$ centièmes.

125. Pour réduire une fraction décimale en fraction ordinaire, il faut souligner cette fraction et écrire au-dessous l'unité suivie d'autant de zéros qu'il y a de chiffres décimaux.

Ainsi, le nombre 4 entiers 5 dixièmes s'écrira $4\frac{5}{10}$; le nombre 6 entiers 05 centièmes s'écrira $6\frac{5}{100}$; le nombre 24 entiers 315 millièmes s'écrira $24\frac{315}{1000}$; et enfin le nombre 310 entiers 4 009 dix-millièmes s'écrira $310\frac{4009}{10000}$.

Questionnaire. — 120. Combien se présente-t-il de cas dans la division des fractions ? — 121. Dites le premier ; — 122. le second ; — 123. le troisième. — 124. Comment doit être considérée toute fraction à deux termes, et que faut-il faire pour réduire une fraction ordinaire en fraction décimale ? — 125. Comment réduit-on une fraction décimale en fraction ordinaire ?

20ᵉ LEÇON.

Des poids et mesures.

126. Dans toute appréciation d'une grandeur, d'un volume quelconque, on se sert d'une mesure ou grandeur déterminée pour évaluer toutes les quantités de même espèce qu'elle.

127. Mesurer une *grandeur*, une *porte* par exemple, c'est la comparer à la mesure, à l'unité qui sert à son évaluation, et déterminer le nombre de fois que cette mesure peut y être contenue ou appliquée.

128. Mesurer une *longueur*, une *pièce de toile* par exemple, c'est appliquer sur cette pièce de toile une autre longueur ou mesure autant de fois que cela se peut faire; ce nombre de fois exprimera la longueur de la pièce de toile.

129. Mesurer une *surface*, un *parquet* par exemple, c'est appliquer sur ce parquet autant de fois que cela peut avoir lieu une autre mesure; et ce nombre de fois exprimera la grandeur de cette surface.

130. Mesurer une *quantité solide* ou *liquide*, comme du blé ou du vin, c'est chercher le nombre de fois que cette quantité contiendra la quantité ou mesure qui doit servir à son évaluation; et ce nombre de fois exprimera la grandeur de cette quantité solide ou liquide.

131. Mesurer le *poids*, la *pesanteur*, comme le poids d'une certaine quantité de café ou la pesanteur d'une masse de fer, c'est les comparer à un autre poids fixe et chercher le nombre de fois que celui-ci représente le premier.

132. Mesurer ou apprécier une *somme d'argent* ou *d'or*, une quantité monétaire, c'est établir entre cette somme et une autre, le franc, une comparaison d'où résulte le nombre de francs contenu dans cette somme.

133. Mesurer le *temps*, c'est chercher combien de fois une durée quelconque, un *jour* par exemple, est contenue dans une durée plus étendue, dans cinq mois, six ou sept semaines, etc.

Questionnaire. — **126.** De quoi fait-on usage pour apprécier une quantité, un volume quelconque? — **127.** Qu'est-ce que mesurer une grandeur ou quantité quelconque? — **128.** une longueur ou pièce de toile? — **129.** une surface? — **130.** une quantité liquide ou solide? — **131.** un poids? — **132.** une somme d'argent ou d'or? — **133.** le temps?

———◦◦◦———

21ᵉ LEÇON.

Du système métrique.

134. On appelle *système métrique*, ou *système légal des poids et mesures*, les principes sur lesquels repose l'ensemble des poids et mesures actuellement en usage.

Ce système est appelé *légal*, parce qu'il est le seul que la loi autorise. Il est appelé *métrique*, parce qu'il a le mètre pour base, pour principe.

135. Afin de déterminer la longueur du mètre et d'en faire une unité invariable, on a mesuré l'arc du méridien terrestre compris entre le pôle boréal et l'équateur, autrement dit le quart du méridien; puis l'on a divisé cette étendue, et le quotient de la division a été adopté pour unité fondamentale de longueur à laquelle on a donné le nom de *mètre*.

136. L'unité principale une fois déterminée, on en a fait dériver toutes les autres.

137. Pour mesurer les grandeurs superficielles d'une étendue développée, on a adopté pour unité comparative une superficie carrée, à quatre angles égaux, de dix mètres de côté, conséquemment de cent mètres carrés de superficie, et on lui a donné le nom d'*are*, du latin *area*, surface.

138. Pour mesurer les solides, on a adopté un cube, à six faces égales ou à huit angles solides égaux, d'un mètre de côté, et auquel on a donné le nom de *stère*, du grec *stéréos*, solide.

139. Pour mesurer les liquides, on a adopté un vase de forme cubique, et dont la dimension intérieure est égale à un dixième du mètre cube, et cette mesure de capacité a été appelée *litre*, du grec *litra*, mesure pour les liquides.

140. Pour mesurer le poids, on a pris et pesé une quantité d'eau pure exactement déterminée; puis, au moyen du calcul, on en a déduit le poids d'un centimètre cube de cette eau, et on lui a donné le nom de *gramme*, du grec *gramma*, poids.

141. Pour évaluer une somme d'argent, une quantité monétaire, on a adopté une pièce de monnaie du poids de cinq grammes, dont les neuf dixièmes sont d'argent et un dixième de cuivre, et on lui a donné le nom de *franc*, du latin *francus*, ancienne dénomination des Français.

142. Il résulte de ce qui précède que les principales unités métriques sont au nombre de huit, savoir :

Le *mètre*, pour les longueurs ;
Le *mètre carré*, pour les surfaces ;
Le *mètre cube*, pour les volumes ;
L'*are*, pour les mesures agraires ;
Le *stère*, pour les mesures de volume ou de solidité;
Le *litre*, pour les mesures de capacité ou de contenance ;
Le *gramme*, pour les mesures de poids ;
Le *franc*, pour les monnaies.

143. Chacune de ces unités a un ou plusieurs *multiples et sous-multiples*.

144. Les quatre mots qui représentent les *multiples*, et qui dérivent du grec, sont :

Déca, qui veut dire *dix* ;

3.

Hecto, qui veut dire *cent;*
Kilo, qui veut dire *mille;*
Myria, qui veut dire *dix mille.*

145. Les trois mots qui représentent les *sous-multiples,* et qui dérivent du latin, sont :

Déci, qui veut dire *dixième,* ou la dixième partie ;
Centi, qui veut dire *centième,* ou la centième partie ;
Milli, qui veut dire *millième,* ou la millième partie.

Ces mots multiplient ou divisent l'unité, et ne forment plus avec elle qu'un seul mot.

146. Les mesures sont appelées *mesures effectives* ou *mesures de compte.*

147. On appelle *mesures effectives* ou *réelles* celles qui existent réellement et dont on se sert journellement pour les transactions commerciales.

148. On appelle *mesures de compte* celles qui résultent de la combinaison de deux ou de plusieurs mesures effectives ; elles naissent de la multiplicité des besoins de la consommation journalière. Le *quintal métrique,* dénomination usitée dans le commerce et équivalant à 100 kilogrammes, est une mesure de compte.

149. Le système métrique, ayant pour base un principe d'une application universelle, est déjà adopté par les principaux peuples du monde. Une commission internationale a été formée pour en rendre l'usage général.

Questionnaire. — 134. Qu'appelle-t-on système métrique ? — 135. Qu'est-ce que le mètre ? Pour déterminer cette longueur, qu'a-t-on fait ? — 136. Qu'a-t-on fait après avoir déterminé l'unité principale ? — 137. Comment a-t-on déterminé l'are ? — 138. le stère ? — 139. le litre ? — 140. le gramme ? — 141. le franc ? — 142. Combien y a-t-il d'unités métriques ? — 143. Chacune de ces unités n'a-t-elle pas un ou plusieurs multiples et sous-multiples ? — 144. Quels sont les multiples ? — 145. les sous-multiples des unités métriques ? — 146. Comment ces mesures se nomment-elles en général ? — 147. Quelles sont les mesures effectives ou réelles ? — 148. Qu'appelle-t-on mesures de compte ? — 149. Quelle extension reçoit ce système ?

22e LEÇON.

Mesures de longueur.

150. L'unité des mesures de longueur est le *mètre*.

151. On appelle *multiples du mètre*, sa longueur répétée dix fois, cent fois, mille fois, dix mille fois, conformément au système décimal.

152. Pour multiplier le mètre par dix, par cent, par mille, par dix mille, il faut le faire précéder des mots *déca, hecto, kilo, myria,* et l'on a *décamètre, hectomètre, kilomètre, myriamètre,* nouvelles unités dix fois, cent fois, mille fois, dix mille fois plus grandes que le mètre.

153. Les *sous-multiples* du mètre sont la dixième, la centième, la millième, etc., partie du mètre, et sont destinés à évaluer les dimensions plus petites que le mètre.

154. Pour diviser le mètre par dix, par cent, par mille, il faut le faire précéder des mots *déci, centi, milli,* et l'on obtient *décimètre, centimètre, millimètre,* nouvelles unités équivalant à la dixième, à la centième, à la millième partie du mètre.

155. Les mesures effectives de longueur sont :

Le *double décamètre* ou 20 mètres ;
Le *décamètre* ou 10 mètres ;
Le *demi-décamètre* ou 5 mètres ;
Le *double mètre* ou 2 mètres ;
Le *mètre* ;
Le *demi-mètre* ou 5 décimètres ;
Le *double décimètre* ou le 5e du mètre ;
Le *décimètre* ou le 10e du mètre.

Mesures itinéraires.

156. Pour mesurer les grandes distances, on se sert du *myriamètre*, du *kilomètre* et de *l'hectomètre*, unités dix mille fois, mille fois, cent fois plus grandes que le mètre.

La plus usitée de ces mesures de distance est le *kilomètre*, représenté sur les routes par de petites bornes en fonte ou en pierre.

157. Ces mesures, appelées *itinéraires*, servent à apprécier la longueur des routes et des chemins de fer, la distance d'un lieu à un autre, d'une ville à une autre ville, le mot *itinéraire*, du latin *itinerarium*, signifiant : chemin à parcourir pour se rendre d'un lieu à un autre.

Problèmes. — 1° Un voyageur a parcouru : 1° 36 kilom. ; 2° 42 kilom.,15 ; 3° 55 kilom.,35 ; 4° 49 kilom.,15 : quel est le total de la route qu'il a parcourue ?

2° Que reste-t-il à parcourir à un voyageur qui a déjà fait 84 kilom.,95, sachant qu'il avait une route de 111 kilom.,15 à faire ?

3° Un industriel a fabriqué 68 pièces d'étoffe de 36 mèt.,45 l'une : combien a-t-il fait fabriquer de mètres ?

4° Un ouvrier tisseur a fait en un mois 96 mèt.,75 d'étoffe de laine : combien 315 ouvriers en feront-ils ?

5° Un fabricant a livré au commerce, en un an, 4 680 mèt.,85 de ruban : combien cela fait-il en moyenne en un jour (350 j.) ?

6° 215 pièces de soie mesurent 7 890 mèt.,50 : dites la longueur de chaque pièce.

23ᵉ LEÇON.

Mesures de surface ou de superficie.

158. On appelle *mesures de surface* ou *de superficie* celles dont on se sert pour évaluer l'étendue sous le double rapport de la longueur et de la largeur, telle que l'étendue d'un parquet, d'une cour, d'un mur, etc.

159. L'unité des mesures de superficie est le *mètre carré*.

160. On appelle *mètre carré* une surface dont les quatre angles sont droits et dont les quatre côtés égaux ont chacun 1 mètre de longueur.

161. Pour multiplier le mètre carré par dix, par cent, par mille, par dix mille, il suffit de le faire précéder des mots *déca, hecto, kilo, myria,* et l'on obtient *décamètre carré, hectomètre carré, kilomètre carré, myriamètre carré,* nouvelles unités ayant 100 mètres carrés, 10 000 mètres carrés, 1 000 000 de mètres carrés et 100 000 000 de mètres carrés de superficie.

162. Pour diviser le mètre carré par dix, par cent, par mille, il suffit de le faire précéder des mots *déci, centi, milli,* et l'on obtient : *décimètre carré, centimètre carré, millimètre carré,* nouvelles unités équivalant : 1° à un décimètre carré ; 2° à un centimètre carré ; 3° à un millimètre carré de superficie.

163. Pour trouver la grandeur ou surface de la figure de géométrie appelée *carré,* il faut multiplier deux de ses côtés l'un par l'autre.

Ainsi, pour trouver la surface du décamètre carré, il faut multiplier deux de ses côtés l'un par l'autre : $10 \times 10 = 100$ mètres carrés.

En effet, si nous partageons la figure ci-contre en dix zones verticales et en dix zones horizontales, nous aurons obtenu dix espaces en hauteur et dix espaces en largeur,

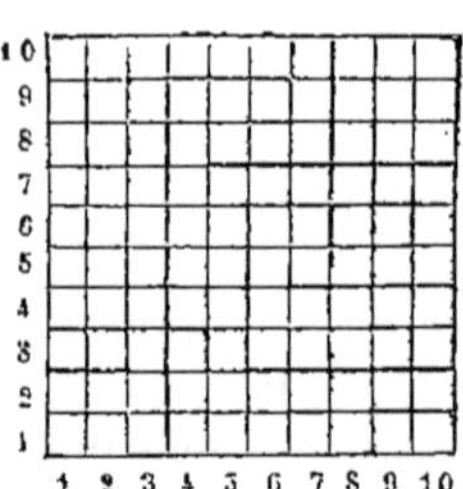

par conséquent cent nouvelles figures cent fois plus petites que la première ou égales au mètre carré, ou $10 \times 10 = 100$ mètres carrés : cela résulte simplement de la multiplication des dix nombres du côté par les dix nombres de la base, ou des deux côtés entre eux.

164. En conséquence des principes qui précèdent, on voit que :

L'*hectomètre* carré égale . . $\begin{cases} 100 \text{ } \textit{décamètres } \text{carrés,} \\ 10\,000 \text{ } \textit{mètres } \text{carrés.} \end{cases}$

Le *kilomètre* carré égale . . $\begin{cases} 100 \text{ } \textit{hectomètres } \text{carrés.} \\ 10\,000 \text{ } \textit{décamètres } \text{carrés.} \\ 1\,000\,000 \text{ de } \textit{mètres } \text{carrés.} \end{cases}$

Le *myriamètre* carré égale. $\begin{cases} 100 \text{ } \textit{kilomètres } \text{carrés.} \\ 10\,000 \text{ } \textit{hectomètres } \text{carrés.} \\ 1\,000\,000 \text{ de } \textit{décamètres } \text{carrés.} \\ 100\,000\,000 \text{ de } \textit{mètres } \text{carrés.} \end{cases}$

Le *mètre* carré égale. . . . $\begin{cases} 100 \text{ } \textit{décimètres } \text{carrés.} \\ 10\,000 \text{ } \textit{centimètres } \text{carrés.} \\ 1\,000\,000 \text{ de } \textit{millimètres } \text{carrés.} \end{cases}$

Le *décimètre* carré égale. . $\begin{cases} 100 \text{ } \textit{centimètres } \text{carrés.} \\ 10\,000 \text{ } \textit{millimètres } \text{carrés.} \end{cases}$

Le *centimètre* carré égale. . | 100 *millimètres* carrés.

Mesures topographiques.

165. On donne le nom de *mesures topographiques* aux mesures qui servent à évaluer l'étendue d'un État, d'une province, etc.

Ces mesures sont :

L'*hectomètre carré*, ayant 100 mètres de côté et 10 000 mètres carrés de superficie ;

Le *kilomètre carré*, ayant 1 000 mètres de côté et 1 000 000 de mètres carrés de superficie ;

Le *myriamètre carré*, ayant 10 000 mètres de côté, conséquemment 100 000 000 de mètres carrés de superficie.

Mesures agraires.

166. On appelle *mesures agraires* celles qui servent à évaluer l'étendue des propriétés foncières, c'est-à-dire des forêts, des bois, des prés, des terres labourables, etc.

167. L'unité des mesures agraires est l'*are*.

On appelle are un carré qui a 10 mètres de côté, conséquemment 100 mètres de superficie.

168. L'are n'a qu'un seul multiple, l'*hectare*, exprimé par la combinaison du mot are avec le mot *hecto*, qui signifie cent fois.

Pour multiplier l'*are* par cent, il suffit donc de le faire précéder du mot *hecto*, et l'on a l'*hectare*, unité nouvelle ayant 100 mètres de côté et 10 000 mètres de superficie.

L'hectare est la mesure la plus usitée pour la superficie des terrains dans les actes de vente et de partage.

169. L'are n'a aussi qu'un seul sous-multiple, le *centiare*, exprimé par la combinaison du mot are avec le mot *centi*, qui veut dire la centième partie.

Pour diviser l'are par cent, il suffit de le faire précéder du mot *centi*, et l'on a le *centiare*, unité nouvelle ayant un mètre de côté ou un mètre de superficie.

170. De ce qui précède, on doit conclure que :

L'*hectare* est un carré dont chaque côté a 100 mètres ;

L'*are* est un carré dont chaque côté a 10 mètres ;

Le *centiare* est un carré dont chaque côté a un mètre.

Puisque l'hectare est un carré dont chaque côté a 100 mètres, sa surface n'est autre chose que l'*hectomètre carré* ;

Puisque l'are est un carré dont chaque côté a 10 mètres, sa surface n'est autre chose que le *décamètre carré ;*

Puisque le centiare est un carré d'un mètre de côté, sa surface n'est autre chose que le *mètre carré.*

Problèmes. — 1° Dites en hectares le total des cinq surfaces suivantes : 4 648 mèt. car. + 72 400 mèt. car. + 97 415 mèt. car. + 483 405 mèt. car. + 684 745 mèt. car.

2° Quatre pièces de terre ont : la première, 34 hectar.,31 ; la deuxième, 74 hectar.,31 ; la troisième, 87 hectar.,87, et la quatrième, 117 hectar.,24 : quelle est leur superficie totale ?

3° Sur une terre de 3 745 ares,75 on a extrait ou vendu 199 ares,80 : que reste-t-il ?

4° Un fermier possède deux champs de luzerne formant ensemble 1 374 ares,75 et dont il veut vendre 99 ares,79 : que resterait-il à ce fermier ?

5° Une pièce de blé a 215 mèt.,75 de long sur 95 mèt.,45 de large : quelle est sa superficie en ares et en centiares ?

6° Un fermier laisse à ses quatre enfants, entre autres biens, 6 490 ares,87 : quelle part aura chaque enfant ?

Questionnaire. — 158. Qu'appelle-t-on mesures de superficie ? — 159. Quelle est l'unité des mesures de superficie ? — 160. Qu'appelle-t-on mètre carré ? — 161. Par quoi sont exprimés les multiples du mètre carré ? — 162. Par quels mots sont exprimés les sous-multiples du mètre carré ? — 163. Que faut-il faire pour trouver la surface de la figure de géométrie appelée carré ? Que faut-il faire pour trouver la surface du décamètre carré ? — 164. Que voit-on par les principes qui précèdent ? — 165. Qu'appelle-t-on mesures topographiques et quelles sont-elles ? — 166. Quelles sont les mesures agraires ? — 167. Qu'est-ce que l'are ? — 168. Quel est son multiple ? — 169. Dites le sous-multiple de l'are. — 170. Que doit-on conclure de ce qui précède ?

24ᵉ LEÇON.

Mesures de volume ou de solidité.

171. On appelle *mesures de volume* ou *de solidité* celles qui servent à évaluer l'étendue sous le triple rapport : 1° de la longueur, 2° de la largeur, 5° de la hauteur.

172. L'unité des mesures de volume ou de solidité est le *mètre cube*.

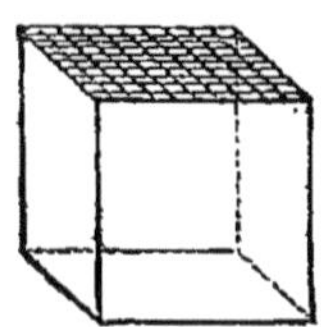

173. On appelle *cube* un corps ou solide ayant six faces opposées entre elles, d'égales dimensions, et conséquemment vingt-quatre angles égaux.

Un mètre cube est donc un cube qui a un mètre sur ses six faces.

174. Les multiples du mètre cube s'expriment par 10 *mètres cubes*, 100 *mètres cubes*, 1 000 *mètres cubes*, 10 000 *mètres cubes;* on ne dit pas *décamètre cube*, *hectomètre cube, etc.*

175. Les sous-multiples du mètre cube sont exprimés par les mots *déci*, *centi* et *milli*, et se nomment *décimètre cube*, *centimètre cube*, *millimètre cube*.

176. Pour diviser le mètre cube par dix, par cent, par mille, il suffit de le faire précéder des mots *déci*, *centi*, *milli*, et l'on obtient : *décimètre cube*, *centimètre cube*, *millimètre cube*, nouvelles unités qui sont : 1° mille fois, 2° un million de fois, 5° un billion de fois plus petites que le mètre cube.

177. Il résulte de ce qui vient d'être dit que :

Le *mètre cube* égale. . . { 1 000 décimètres cubes,
1 000 000 de centimètres cubes;
1 000 000 000 millimètres cubes;

Le *décimètre cube* égale. { 1 000 centimètres cubes;
1 000 000 de millimètres cubes;

Le *centimètre cube* égale. | 1 000 millimètres cubes.

178. Maintenant, si l'on compare entre eux les multiples et les sous-multiples de l'unité métrique proprement dite, on reconnaîtra :

1° Que les multiples du mètre linéaire sont de dix en dix fois plus forts, et ses sous-multiples de dix en dix fois plus faibles;

2° Que les multiples du mètre carré sont de cent en cent fois plus forts, et les sous-multiples de cent en cent fois plus faibles ;

3° Que les multiples du mètre cube sont de mille en mille fois plus forts, et ses sous-multiples de mille en mille fois plus faibles.

179. Soit donc à énoncer 2 mètres carrés, 475 : comme chaque unité décimale doit être représentée par deux chiffres, il faudra ajouter un zéro, et dire : 2 mètres carrés, 47 décimètres carrés, 50 centimètres carrés, ou 4750 centimètres carrés.

Soit encore 5 mètres cubes, 2764 : comme chaque unité décimale doit être représentée par trois chiffres, il faut ajouter deux zéros, et dire : 5 mètres cubes, 276 décimètres cubes, 400 centimètres cubes, ou 276400 centimètres cubes.

Mesures de bois de construction et de chauffage.

180. On appelle *stère* l'unité des mesures pour évaluer le bois de construction ou de chauffage[1].

181. Le stère est un cube d'un mètre de côté.

182. Le stère n'a qu'un seul multiple, qui est le *décastère*, ou 10 stères, ou 10 mètres cubes.

Pour multiplier le stère par dix, il suffit de le faire précéder du mot *déca*, et l'on obtient : *décastère*, nouvelle unité de dix mètres cubes.

---

1. Actuellement le bois de chauffage se vend le plus généralement au poids, et le stère ne sert plus que pour le métrage des travaux de charpente.

183. Le stère n'a également qu'un sous-multiple, qui est le *décistère*, ou le dixième du stère ou du mètre cube.

Pour diviser le stère par dix, il suffit de le faire précéder du mot *déci*, et l'on obtient : *décistère*, nouvelle unité ou le dixième du mètre cube, ou **100** décimètres cubes.

184. Les mesures effectives sont :

Le *demi-décastère* ou **5** stères ;

Le *double stère* ou **2** stères ;

Le *stère* ou mètre cube.

185. Pour mesurer le bois de chauffage, on emploie des châssis composés de trois pièces de bois ; la pièce horizontale, appelée sole, doit avoir entre les montants :

5 mètres de longueur pour le demi-décastère ;

2 mètres de longueur pour le double stère ;

1 mètre de longueur pour le stère ou mètre cube.

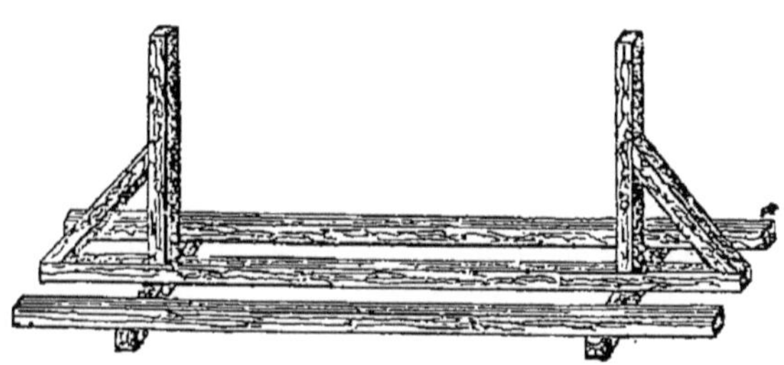

La hauteur des montants varie en raison inverse de la longueur des bûches : si celles-ci ont un mètre, les montants auront la même longueur pour les trois mesures ; si les bûches ont 1 mètre 14 centimètres, comme à Paris, par exemple, les montants auront 88 centimètres. Enfin, il faut que le produit des dimensions reproduise exactement la mesure du mètre cube.

Problèmes. — 1° Dites le volume des quatre quantités suivantes : 470 mèt. cub. ; 615 mèt. cub. ; 970 mèt. cub. et 390 mèt. cub.

2° Un marchand de bois a vendu 280 stèr., 815 stèr., 1214 stèr., 615 stèr. et 749 stèr. : quelle a été sa vente totale ?

3° 20 ouvriers ont à faire 315 mèt. cub. de maçonnerie. Au bout de huit jours 199 mèt. cub.,315 ont été faits : que reste-t-il à faire ?

4° Dans une administration publique on brûle en moyenne par mois 5 stèr.,34 de bois : combien en aura-t-on brûlé du 1er novembre au 30 mars ?

5° 38 hommes ont scié une quantité de bois : quelle est cette quantité si chaque homme en a scié 6 stèr.,8 dans une semaine ?

6° Combien pourra-t-on tirer de seaux d'eau d'un puits d'une contenance de 640 mèt. cub.,910, si un seau contient 580 décimèt. cub. ?

Questionnaire. — 171. Qu'appelle-t-on mesures de volume ou de solidité? — 172. Dites leur unité. — 173. Qu'appelle-t-on cube? — 174. Quels sont les multiples du mètre cube? — 175. Les sous-multiples? — 176. Que fera-t-on pour diviser le mètre cube par dix, par cent, par mille? — 177. Que résulte-t-il de ce qui vient d'être dit? — 178. Que résulte-t-il de la comparaison entre eux des multiples et des sous-multiples de l'unité métrique proprement dite? — 179. Énoncez des mètres carrés ou des mètres cubes accompagnés de décimales. — 180. Qu'est-ce que le stère? — 181. Qu'est-il par rapport au mètre? — 182. Quel est son multiple? Que fait-on pour le multiplier par dix? — 183. Quel est le sous-multiple du stère? Comment fait-on pour le diviser par dix? — 184. Quelles sont les mesures effectives pour le bois de chauffage? — 185. Qu'emploie-t-on pour mesurer ce bois?

25ᵉ LEÇON.

Mesures de capacité ou de contenance.

186. On appelle *mesures de capacité* ou *de contenance* celles qui ont pour objet l'évaluation de quantités liquides ou de matières sèches contenues dans un vase, une bouteille, un tonneau, un sac, comme le vin, l'eau-de-vie, l'huile, la bière, etc., ou le seigle, l'orge, l'avoine, etc.

187. L'unité principale des mesures de capacité est le *litre*.

188. Le litre est une mesure dont la contenance égale le décimètre cube.

189. Le litre a trois multiples, exprimés par la combinaison des mots : *déca, hecto* et *kilo*.

Pour multiplier le litre par dix, par cent, par mille, il faut le faire précéder des mots *déca, hecto, kilo;* nous aurons : *décalitre, hectolitre, kilolitre,* nouvelles unités dix fois, cent fois, mille fois plus grandes que le litre.

190. Le litre a deux sous-multiples, exprimés par la combinaison des mots *déci* et *centi*.

Pour diviser le litre par dix, par cent, il suffit de le faire précéder des mots *déci, centi;* nous obtiendrons : *décilitre, centilitre,* nouvelles unités dix fois, cent fois plus petites que le litre.

191. Il résulte de ce qui précède que :

Le *kilolitre* égale . . . . $\left\{\begin{array}{l} \text{10 } hectolitres; \\ \text{100 } décalitres; \\ \text{1 000 } litres; \end{array}\right.$

L'*hectolitre* égale . . . . $\left\{\begin{array}{l} \text{10 } décalitres; \\ \text{100 } litres; \end{array}\right.$

Le *décalitre* égale. . . . $\left\{\begin{array}{l} \text{10 } litres; \\ \text{100 } décilitres; \\ \text{1 000 } centilitres; \end{array}\right.$

Le *litre* égale. . . . . . { 10 *décilitres ;*
{ 100 *centilitres ;*
Le *décilitre* égale . . . . | 10 *centilitres.*

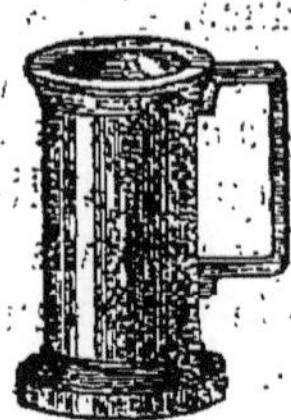

192. Les principales mesures effectives sont :

1° Pour les quantités liquides : le *double litre*, le *litre*, le *demi-litre*, le *double décilitre*, le *décilitre*, le *demi-décilitre*, le *centilitre*. Suivant leur grandeur, elles sont en étain, en zinc ou en fer-blanc.

2° Pour les matières sèches : l'*hectolitre*, le *demi-hectolitre*, le *double décalitre*, le *décalitre*, le *demi-décalitre*, le *double litre*, le *litre*, le *demi-litre*, le *double décilitre*, le *décilitre*, le *demi-décilitre*. Elles sont en bois, pour les grandes quantités, et en cuivre ou en tôle étamés, pour les petites quantités.

Problèmes. — 1° Un marchand de vins a vendu en un jour : 1° 45 lit.,75 ; 2° 340 lit.,25 ; 3° 199 lit.,10 ; 4° 210 lit.,45 ; 5° 170 lit.,55 : quelle a été sa vente totale ?

2° Un autre a reçu les quantités suivantes de vin : 1° 50 hectol.,445 ; 2° 448 hectol.,75 ; 3° 810 hectol.,60 ; 4° 716 hectol.,85 ; 5° 90 hectol.,475 : quelle quantité a-t-il reçue ?

3° Sur 845 hectol. de blé, j'ai vendu 99 hectol. : que me reste-t-il ?

4° D'une pièce de vin j'ai tiré 191 lit.,90 : que reste-t-il dans la pièce, qui contenait 270 lit. ?

5° Un fermier vend en moyenne 345 décalit. de lait par jour : combien cela fait-il par mois ?

6° Si en un an (343 j.) un commerçant vend 6040 hectol.,750 de vin : combien en vend-il en un jour ?

Questionnaire. — 186. Qu'appelle-t-on mesures de capacité ? — 187. Quelle est l'unité principale des mesures de capacité ? —

188. Qu'est-ce que le litre? — 189. Combien le litre a-t-il de multiples et par quels mots sont-ils exprimés? Que faut-il faire pour multiplier le litre par dix, par cent, par mille? — 190. Quels sont les sous-multiples du litre et par quels mots sont-ils exprimés? Que suffit-il de faire pour diviser le litre par dix, par cent? — 191. Que résulte-t-il de ce qui précède? — 192. Quelles sont les mesures effectives de capacité?

26ᵉ LEÇON.

Poids.

193. On appelle *mesures de poids* celles qui servent à évaluer les choses, les objets, quant à leur pesanteur.

194. L'unité principale des mesures de poids est le *gramme*.

195. Le gramme est un poids égal à celui d'un centimètre cube d'eau pure [1].

196. Le gramme a quatre multiples, exprimés par les mots *déca, hecto, kilo* et *myria*.

Pour multiplier le gramme par dix, par cent, par mille, par dix mille, il faut le faire précéder des mots *déca, hecto, kilo, myria*, et l'on obtient : *décagramme, hectogramme, kilogramme, myriagramme*, nouvelles unités dix fois, cent fois, mille fois, dix mille fois plus grandes que le gramme.

197. Le gramme a trois sous-multiples, exprimés par les mots *déci, centi, milli*.

Pour diviser le gramme par dix, par cent, par mille, il suffit de le faire précéder des mots *déci, centi, milli*, et l'on obtient : *décigramme, centigramme, milligramme*,

1. On dit que l'eau est pure ou distillée quand elle a été ramenée à sa plus grande pureté par l'extraction des corps étrangers qui s'y trouvaient et qui pouvaient influer sur son poids.

nouvelles unités dix fois, cent fois, mille fois plus petites que le gramme.

198. De ce qui précède, il résulte que :

Le *myriagramme* vaut
{
10 *kilogrammes*, ou
100 *hectogrammes*, ou
1 000 *décagrammes*, ou
10 000 *grammes*, ou
100 000 *décigrammes*, ou
1 000 000 de *centigrammes*, ou
10 000 000 de *milligrammes* ;
}

Le *kilogramme* vaut. .
{
10 *hectogrammes*, ou
100 *décagrammes*, ou
1 000 *grammes*, ou
10 000 *décigrammes*, ou
100 000 *centigrammes*, ou
1 000 000 de *milligrammes* ;
}

L'*hectogramme* vaut. .
{
10 *décagrammes*, ou
100 *grammes*, ou
1 000 *décigrammes*, ou
10 000 *centigrammes*, ou
100 000 *milligrammes* ;
}

Le *décagramme* vaut. .
{
10 *grammes*, ou
100 *décigrammes*, ou
1 000 *centigrammes*, ou
10 000 *milligrammes* ;
}

Le *gramme* vaut. . . .
{
10 *décigrammes*, ou
100 *centigrammes*, ou
1 000 *milligrammes* ;
}

Le *décigramme* vaut. .
{
10 *centigrammes*, ou
100 *milligrammes*.
}

Le *centigramme* vaut. . | 10 *milligrammes*.

199. Dans le commerce, on prend généralement le kilogramme pour unité ; dans ce cas, les chiffres placés immédiatement à droite représentent les fractions de cette unité ; les hectogrammes représentent les dixièmes ; les décagrammes, les centièmes ; les grammes, les millièmes, etc.

200. Les principales mesures effectives de poids sont :

1° En *fonte de fer :*

Le *poids* de 50 kilogrammes,
Le *poids* de 20 kilogrammes,
Le *poids* de 10 kilogrammes,
Le *poids* de 5 kilogrammes,
Le *poids* de double kilogramme,
Le *poids* de 1 kilogramme,
Le *demi-kilogramme,*
Le *double hectogramme,*
L'*hectogramme,*
Le *demi-hectogramme.*

Les poids de 50 kilogrammes et de 20 kilogrammes ont, les uns , la forme d'une pyramide tronquée à base rectangulaire; les autres, la forme d'une pyramide tronquée, dont la base est un hexagone régulier.

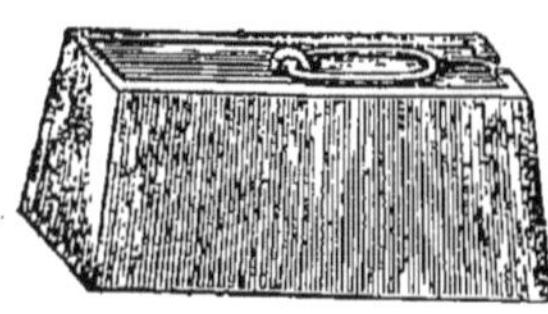 

2° En *cuivre :*

Le *poids* de 20 kilogrammes,
Le *poids* de 10 kilogrammes,
Le *poids* de 5 kilogrammes,
Le double kilogramme,
Le kilogramme,
Le *demi-kilogramme,*
Le *double hectogramme,*
L'*hectogramme,*
Le *double décagramme,*
Le *décagramme,*
Le *demi-décagramme,*
Le *double gramme,*
Le *gramme.*

La *balance horizontale*, très-usitée dans le commerce pour les pesées moyennes, se compose d'une colonne peu élevée; cette colonne supporte par son milieu un fléau à bras égaux, à l'extrémité desquels sont placés les plateaux destinés à recevoir les poids et la marchandise.

Balance horizontale.

La *balance à bascule*, qui sert pour les grandes pesées, est employée dans les gares des chemins de fer, dans les maisons de roulage, chez les marchands en gros, etc. Cette balance est dite au dixième, c'est-à-dire que, pour évaluer le poids d'un corps pesant 100 kilogr. par exemple, il suffit d'un poids de 10 kilogr.

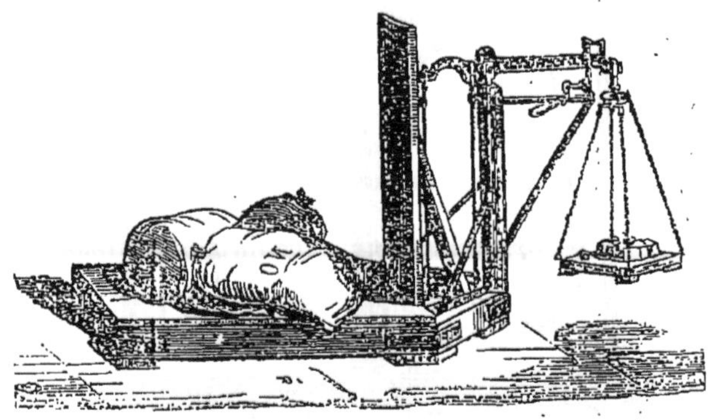

Balance à bascule.

203. Peser, c'est comparer le poids de deux corps donnés. Ainsi, pour peser un kilogramme de marchan-

dise, on met le poids nommé kilogramme dans l'un des bassins de la balance, et dans l'autre bassin une quantité de marchandise équivalente en poids; de telle manière que les deux volumes, poids et marchandise, exercent chacun une égale pression. La pesée est exacte lorsque les deux bras du fléau ont cessé d'osciller et que l'aiguille se maintient à *zéro*.

Problèmes. — 1° Un commissionnaire a fait transporter cinq ballots de marchandises : le 1er, de 152 kilog.,80 ; le 2e, de 314 kilog.,34 ; le 3e, de 629 kilog.,09 ; le 4e, de 318 kilog.,75, et le 5e, de 254 kilog.,90 : quel poids a-t-il fait transporter?

2° Un commerçant a vendu : 24 kilogr.,110 de sucre; 842 kilogr.,674 ; 8 740 kilogr.,80 ; 90 250 kilogr.,370, et 9 342 kilogr.,970 : quel est le poids total de la vente?

3° Un négociant a acheté 5 040 kilog.,50 de savon, et il en a vendu 1 149 kilog.,905 : que lui en reste-t-il en magasin?

4° Une balle de café ne pèse que 98 kilog.,54. Pour la vente, on doit compléter son poids, qui doit être de 100 kilogrammes : quelle quantité doit-on y ajouter?

5° Dans une grande usine on consomme par jour 95 kilog.,35 de charbon de terre : quelle est la consommation annuelle, l'année de travail étant de 302 jours?

6° Un commerçant a reçu sa provision de sucre pesant 254 kilog.,500 : combien a-t-il reçu de pains, sachant qu'ils pèsent, l'un dans l'autre, 6 kilog.,405?

Questionnaire. — 193. Qu'appelle-t-on mesures de poids? — 194. Quelle est leur unité principale? — 195. Qu'est-ce que le gramme? — 196. Combien le gramme a-t-il de multiples? Que faut-il faire pour le multiplier par dix, par cent, par mille, par dix mille? — 197. Combien le gramme a-t-il de sous-multiples? Que faut-il faire pour le diviser par dix, par cent, par mille? — 198. Que résulte-t-il de ce qui précède? — 199. Que fait-on dans le calcul, le kilogramme étant pris pour unité? — 200. Quelles sont les mesures effectives de poids en fonte de fer? En cuivre? — 201. Quelle est l'unité pour le pesage des matières précieuses? — 202. Quels instruments emploie-t-on pour évaluer le poids des marchandises? Quelles sont les balances les plus usuelles? — 203. Comment fait-on une pesée?

27ᵉ LEÇON.

Monnaies.

204. On appelle *mesures de monnaie* celles qui ont pour objet l'évaluation du prix des objets.

L'unité principale des monnaies est le *franc*.

205. Le *franc* est une pièce de monnaie en argent, du poids de 5 grammes. Elle était d'abord au titre de neuf dixièmes de fin, c'est-à-dire contenant neuf dixièmes de son poids d'argent et un dixième de cuivre; aujourd'hui elle n'a plus que 0,855 de fin.

206. Le franc n'a pas de multiples décimaux. On dit 10 *francs*, 100 *francs*, 1 000 *francs*, et non *décafranc*, *hectofranc*, *kilofranc*, etc.

Les sous-multiples du franc, en argent, sont :

La *pièce de* 50 *centimes*, du diamètre de 18 millimètres et du poids de 2 grammes 50 ;

La *pièce de* 20 *centimes*, du diamètre de 16 millimètres et du poids de 1 gramme 25.

207. Le franc a deux sous-multiples en bronze, les pièces dites de deux sous et d'un sou, exprimés par les mots *déci* et *centi;* mais au lieu d'ajouter à ces mots l'expression *franc*, comme on le fait pour les autres unités métriques, on dit *décime*, unité monétaire dix fois plus petite que le franc, unité principale; *centime*, unité monétaire cent fois plus petite que le franc, unité principale.

Les sous-multiples du franc, en bronze, sont :

Le *décime* ou *pièce de* 10 *centimes*, du diamètre de 30 millimètres et du poids de 10 grammes ;

La *pièce de* 5 *centimes*, du diamètre de 25 millimètres et du poids de 5 grammes.

208. Puisque le franc représente l'unité monétaire, les chiffres placés à sa droite représentent les fractions de cette unité : le premier, les décimes ; le deuxième, les centimes. Ainsi, le nombre 25,5 se lira 25 francs 5 décimes ; 40,75 se lira 40 francs 75 centimes.

209. Les monnaies effectives légales se partagent en trois classes, savoir : les monnaies d'or, les monnaies d'argent, les monnaies de bronze.

210. Les monnaies ou pièces d'or sont au nombre de six, savoir :

La *pièce de* 100 *francs*, pesant 32 gram.,258 et ayant 35 millimètres de diamètre ;

La *pièce de* 50 *francs*, pesant 16 gram.,129 et ayant 28 millimètres de diamètre ;

La *pièce de* 20 *francs*, pesant 6 gram.,452 et ayant 21 millimètres de diamètre ;

La *pièce de* 10 *francs*, pesant 3 gram.,226 et ayant 19 millimètres de diamètre ;

La *pièce de* 5 *francs*, pesant 1 gram.,613 et ayant 17 millimètres de diamètre.

Ces pièces sont dites au titre de neuf dixièmes, parce qu'elles contiennent neuf parties d'or fin sur dix, et une partie de cuivre.

211. Les monnaies ou pièces d'argent sont au nombre de cinq, savoir :

La *pièce de* 5 *francs*, du poids de 25 grammes et du diamètre de 37 millimètres ;

Cette pièce est également au titre de neuf dixièmes de fin.

La *pièce de* 2 *francs*, du poids de 10 grammes et du diamètre de 27 millimètres ;

La *pièce de* 1 *franc*, du poids de 5 grammes et du diamètre de 23 millimètres ;

La *pièce de* 50 *centimes* ou du 1/2 franc, du poids de 2 gram.,50 et du diamètre de 18 millimètres ;

La *pièce de* 20 *centimes* ou du 1/5 de franc, du poids de 1 gramme et du diamètre de 16 millimètres.

Ces pièces sont au titre de 0,835 millièmes de fin.

212. Les monnaies ou pièces de bronze sont au nombre de quatre, savoir :

Le *décime* ou *pièce de 10 centimes*, pesant 10 grammes et ayant 30 millimètres de diamètre ;
La *pièce de 5 centimes*, pesant 5 grammes et ayant 25 millimètres de diamètre ;
La *pièce de 2 centimes*, pesant 2 grammes et ayant 20 millimètres de diamètre ;
La *pièce de 1 centime*, pesant 1 gramme et ayant 15 millimètres de diamètre.

213. Si le franc dérive du mètre par le poids, il en dérive également par le diamètre.

En plaçant à plat et à la suite les unes des autres :

15 pièces de 100 fr. et 17 de 50 fr. ;
ou 20 pièces de 20 fr. et 20 de 10 fr. ;
ou 27 pièces de 5 fr. ;
ou 19 pièces de 5 fr. et 11 de 2 fr. ;
ou 20 pièces de 2 fr. et 20 de 1 fr. ;
ou 40 pièces de 5 centimes,

on obtient la longueur du mètre dans le premier et le troisième cas à un millimètre près ; dans les autres cas, d'une manière exacte.

Problèmes. — 1° Un garçon de banque fait les six recettes suivantes dans le courant d'une semaine : 6 150 fr. 80 ; 4 400 fr. 75 ; 970 fr. 95 ; 790 fr. 35 ; 1 259 fr. 80 ; 6 376 fr. 30 : combien a-t-il reçu ?

2° Quatre pièces de drap ont été payées : la 1re, 640 fr. 50 ; la 2e, 715 fr. 90 ; la 3e, 1 400 fr., et la 4e, 1 914 fr. : quelle est la valeur totale de ces pièces ?

3° Un maître peintre a six ouvriers qui ont fait dans une semaine : le 1er, 4 jours 8 heures ; le 2e, 5 jours 4 heures ; le 3e, 6 jours 8 heures ; le 4e, 7 jours ; le 5e, 3 jours 8 heures ; le 6e, 6 jours 7 heures : combien de journées et d'heures de travail ce maître peintre a-t-il à payer, sachant que la journée est de 10 heures ?

4° Un commerçant avait dans sa caisse la somme de 28 400 fr. 50, sur laquelle il a pris de quoi payer plusieurs valeurs ; le soir il n'avait plus en caisse que 19 090 fr. 90 : à quelle somme se sont élevés ses différents payements ?

5° 15 employés ont mis 25 jours à 10 heures par jour pour faire la liquidation d'une maison de commerce : combien 8 employés auraient-ils mis de temps pour faire le même travail ?

6° Un fabricant a livré 48 pièces de toile de 50 mèt. chacune : quelle somme a-t-il reçue, s'il a vendu sa toile, l'une dans l'autre, 3 fr. 40 le mètre ?

Questionnaire. — 204. Qu'appelle-t-on mesures de monnaie ? Quelle est leur unité principale ? — 205. Qu'est-ce que le franc ? — 206. Le franc a-t-il des multiples ? — 207. Combien a-t-il de sous-multiples ? — 208. Que dites-vous des chiffres placés à la droite du franc ? — 209. En combien de classes se partagent les monnaies effectives légales ? — 210. Quel est le nombre des monnaies d'or ? — 211. Dites le nombre des pièces d'argent. — 212. Combien a-t-on de pièces de bronze ? — 213. Quels sont les rapports des monnaies avec le mètre et le gramme ?

28ᵉ LEÇON.

Mesure du temps.

214. Le *temps* est la succession non interrompue de la durée.

La durée se divise par *siècles* et par *années*.

215. Un *siècle* est une durée de cent ans.

216. Un *an* est une durée de trois cent soixante-cinq jours, et de trois cent soixante-six pour les années bissextiles.

217. Le *jour* est une durée de vingt-quatre heures. L'*heure* est une durée de soixante minutes ; la *minute,* de soixante secondes.

218. L'année se divise également en douze *mois :* les mois de janvier, mars, mai, juillet, août, octobre et dé-cembre ont trente et un jours ; les mois d'avril, juin, septembre et novembre, trente jours ; le mois de février vingt-huit, et tous les quatre ans vingt-neuf jours.

4.

219. Le *calendrier* est un tableau qui indique les divisions exactes de l'année tropicale ou civile, c'est-à-dire le temps que met la terre à opérer sa révolution autour du soleil, 365 jours 6 heures moins 11 minutes environ.

L'établissement du calendrier actuel remonte au seizième siècle ; il a été établi par Grégoire XIII.

Questionnaire. — **214.** Qu'est-ce que le temps ? Comment se divise la durée ? — **215.** Qu'est-ce qu'un siècle ? — **216.** Qu'est-ce qu'un an ? — **217.** Qu'est-ce que le jour ? l'heure ? la minute ? la seconde ? — **218.** Comment se divise également l'année ? — **219.** Qu'est-ce que le calendrier ?

29e LEÇON.

Application des quatre règles aux opérations pratiques.

220. Pour résoudre les règles dites de trois, les questions d'intérêt, d'escompte, de change, de mélange, etc., on emploie la *méthode dite de l'unité*, qui oblige l'élève à trouver la solution par le raisonnement, c'est-à-dire par l'analyse de la question proposée.

Trois nombres étant donnés par l'énoncé du problème, la méthode de réduction à l'unité consiste à tirer de deux de ces nombres la valeur inconnue de l'unité qui répond à la question, puis à multiplier cette valeur par le troisième nombre, ce qui donne la solution demandée.

Éclaircissons la règle par un exemple.

Exemple. — 15 terrassiers ont fait 418 mèt.,50 d'ouvrage, combien 45 terrassiers en feront-ils dans le même temps ?

Raisonnement. — Je dis : On demande combien de mètres feront 45 terrassiers dans un temps donné. Si je connaissais le nombre de mètres que ferait un terrassier dans le même temps, je me bornerais à multiplier ce nombre de mètres par 45 et j'aurais la réponse à la question posée. Mais puisque 15 terrassiers font 418 mèt.,50 d'ouvrage, il m'est facile de savoir ce que fera un terrassier; en divisant 418,50 par 15, j'aurai ce nombre de mètres; après quoi, il ne me restera plus qu'à multiplier le résultat de la division par 45. Or 418,50 : 15 = 27 mèt.,90; et en multipliant par 45, j'ai 1255 mèt.,50.

On voit : 1° que j'ai divisé 418 mèt.,50, quantité seule de son espèce, par la quantité qui l'a produite, 15; 2° que j'ai multiplié 27 mèt.,90, résultat de la division, par 45, la troisième quantité connue que donnait l'énoncé.

Règle de trois.

221. On appelle *règle de trois* l'opération arithmétique qui de trois nombres connus déduit un quatrième nombre inconnu.

Des quatre nombres, y compris l'inconnu, qui entrent dans une règle de trois, 1° deux sont liés intimement par l'énoncé, le troisième se rapportant à l'inconnu; 2° deux sont de même nature, et l'inconnu avec le troisième d'une nature différente : on appelle *correspondants*, les nombres liés entre eux par l'énoncé.

222. La règle de trois est simple ou composée; la règle de trois simple est de plus directe ou inverse.

Règle de trois simple.

223. La règle de trois est *simple*, quand l'énoncé ne donne que trois nombres pour la solution du problème.

Exemple.— 12 ouvriers tisserands ont fait, en huit jours, 54 mèt. de toile : combien 40 ouvriers en feront-ils dans le même temps ?

Raisonnement. — Si 12 ouvriers ont fait 54 mètres de toile, 1 ouvrier en fera 12 fois moins ou $\frac{54}{12}$; et 40 ouvriers 40 fois plus ou $\frac{54 \times 40}{12} = 180$ mètres.

Au bout de la quatrième année, je recevrai donc 29 172 fr. 15, capital et intérêts.

Problèmes. — 1° Dites l'intérêt de 4 550 fr. pour un an placés à 5 p. 100.

2° Quel intérêt rapporteront par an 16 800 fr. placés à 6 p. 100 ?

3° Une somme placée à 6 p. 100 rapporte en un an 900 fr. : quelle est cette somme ?

4° Le capital 38 500 fr. me rapporte par an 2 310 fr. : à quel taux l'ai-je placé ?

5° Je reçois par trimestre 577 fr. 50, intérêts d'une somme placée à 6 p. 100 : quelle est cette somme ?

6° Je place 41 900 fr. qui me rapporteront 2 095 fr. : à quel taux les ai-je placés ?

Questionnaire. — 227. Qu'appelle-t-on capital? — 228. Combien de choses sont à considérer dans les opérations d'intérêt? Qu'appelle-t-on l'intérêt? le taux? le temps? — 229. Quel est le taux légal, le taux commercial, le taux usuraire? —230. Quel est le but de la règle d'intérêt? — 231. Quel est l'objet de la règle d'intérêt simple? — 232. Dans toute règle d'intérêt que faut-il considérer? — 233. Dans toute question de cette nature que peut-il être utile au commerçant de trouver? Dites le premier cas. — 234. le deuxième. — 235. le troisième. — 236. Comment procéder si le capital n'est placé que pour quelques mois? — 237. pour quelques jours? — 238. Qu'est-ce que la règle d'intérêt composé? — 239. Que faut-il faire pour calculer les intérêts composés d'une somme placée pour un temps donné?

31ᵉ LEÇON.

Règle d'escompte.

240. Dans le commerce, on appelle *valeurs* ou *papier* les effets à recevoir ou à payer, tels que les billets à ordre, les lettres de change, les traites, les mandats, les chèques, etc.

Ces différentes valeurs s'escomptent ou se négocient.

241. Escompter un billet, c'est l'acte par lequel le banquier l'acquiert en remettant avant l'échéance au porteur ou cédant du billet sa valeur en espèces.

Négocier un billet, c'est l'acte par lequel le négociant le cède au banquier en recevant le plus souvent sa valeur en espèces.

242. L'escompte ou l'intérêt est la retenue, la perte qu'un négociant supporte pour recevoir immédiatement le montant d'un effet qu'il ne doit toucher qu'à son échéance, c'est-à-dire à une époque postérieure.

A part l'escompte proprement dit, qui est variable, le banquier prélève un droit de commission, qui est généralement de 50 c. à 1 fr. p. 100.

243. Il y a deux sortes d'escompte : *l'escompte en dehors* ou *commercial* et *l'escompte en dedans* ou *rationnel.*

Règle de l'escompte en dehors.

244. L'escompte *en dehors* se prélève, au taux convenu, sur la valeur tout entière de l'effet depuis le jour du payement jusqu'au jour de l'échéance.

Cet escompte est l'escompte usuel du commerce.

Exemple. — Un commerçant fait escompter un billet de commerce de 3 500 fr. à 6 p. 100 et 1/2 p. 100 de commission : que recevra-t-il si le billet est à 6 mois de date et l'intérêt en dehors?

Raisonnement. — Si pour 100 fr. le banquier prend 6 fr., pour 1 fr. il prendra 100 fois moins, ou $\dfrac{6}{100} = 0$ fr. 06;

pour 3 500 fr. il prendra 3 500 fois plus, ou $\dfrac{6 \times 3500}{100} =$

210 fr. pour un an; pour 1 mois, il prendra 12 fois moins, ou $\dfrac{6 \times 3500}{100 \times 12} = 17$ fr. 50; et pour 6 mois, 6 fois plus,

ou $\dfrac{6 \times 3500 \times 6}{100 \times 12} = 105$ fr.

En ajoutant 1/2 p. 100 de commission , le commerçant recevra 3 500 — 122 fr. 50 = 3 377 fr. 50.

245. *Règle.* Pour trouver l'escompte en dehors d'un billet : 1° s'il est à un an, il faut multiplier le montant du billet par le taux et diviser le produit par 100 ; 2° si le billet est à plusieurs mois, il faut multiplier l'intérêt trouvé d'un an par le nombre de mois proposé et diviser le résultat par 12 ; 3° si le billet est à plusieurs jours, il faut multiplier l'intérêt trouvé d'un an par le nombre de jours proposé, et diviser le résultat par 360.

Règle de l'escompte en dedans.

246. Dans l'escompte *en dedans,* on suppose que le billet comprend le capital dû au jour de l'escompte et l'intérêt à payer pour retard de payement jusqu'au jour de l'échéance. Le banquier paye le capital et retient pour lui l'intérêt.

Escompter ainsi, c'est prendre l'intérêt de la valeur actuelle du billet.

Exemple. — Un commerçant fait escompter un billet de commerce de 3 500 fr. à 6 p. 100 et 1/2 p. 100 de commission : combien recevra-t-il si le billet est à 6 mois et l'escompte en dedans?

Raisonnement. — Supposons le billet à un an. Puisque les 3 500 fr. représentent le capital dû et l'intérêt de ce capital à 6 p. 100 l'an, pour un capital de 100 fr., on aurait dû faire un billet de 106 fr. sur lequel le commerçant perdrait 6 fr., escompte retenu par le banquier.

Donc si pour 106 fr. le commerçant perd 6 fr., pour 1 fr. il perdra 106 fois moins ou $\dfrac{6}{106} = 0$ fr. 0566, et pour 3 500 fr. il perdra 3 500 fois plus ou $\dfrac{6 \times 3500}{106} = 198$ f. 113 pour un an; pour un mois il perdra 12 fois moins ou

$$\frac{6 \times 3500}{106 \times 12} = 16 \text{ fr. } 509,$$ et pour 6 mois, 6 fois plus ou

$$\frac{6 \times 3500 \times 6}{106 \times 12} = 99 \text{ fr. } 056.$$

En ajoutant 1/2 p. 100 de commission, il recevra 3 500 fr. — 116 fr. 56 = 3 483 fr. 44, soit 5 fr. 94 de plus qu'avec l'escompte en dehors.

247. *Règle.* Pour déterminer l'escompte *en dedans* d'un billet : 1° s'il est à un an, il faut multiplier le montant ou le principal du billet par le taux de l'escompte et diviser le résultat de cette multiplication par 100 augmenté du taux ; 2° s'il est à un certain nombre de mois, multiplier l'escompte d'un an par le nombre de mois et diviser le produit par 12 ; s'il est à un certain nombre de jours, multiplier l'escompte d'un an par le nombre de jours et diviser le produit par 360.

248. *Observation.* En dehors de l'escompte des effets de commerce, dont nous venons de parler, il est d'usage, lorsqu'un commerçant ne profite pas du terme habituel et achète au comptant, que le vendeur lui accorde un escompte ou une remise sur le montant de la facture des marchandises qu'il vient d'acheter. Cet escompte consiste en une réduction de tant pour cent sur le montant de la facture. Cet escompte ou réduction se calcule en multipliant le montant de la facture par le *tant p.* 100, et en retranchant le produit, divisé par 100, du prix de la facture.

Problèmes. — 1° Un commerçant fait escompter un billet de 680 fr. à 6 p. 100 : que recevra-t-il si cette valeur est à 3 mois ?

2° Un billet de 1 240 fr. a été escompté à 6 1/2 p. 100 : à quelle somme sera-t-il réduit s'il est à 90 jours ?

3° Sur un billet de 500 fr. à 4 mois, on a reçu 490 fr. : à quel taux a-t-il été escompté ?

4° J'ai négocié, à 6 p. 100, un billet à 3 mois et sur lequel on m'a retenu 13 fr. 35 : de quelle valeur est-il ?

5° Sur un billet de 1 780 fr., il m'a été retenu 53 fr. 40 à quel taux m'a-t-il été escompté s'il est à 6 mois ?

6° Donner la valeur d'un billet sachant qu'il est à 4 mois et que, à 6 1/2, on m'a retenu 24 fr. 70.

Questionnaire. — 240. Dans le commerce, qu'appelle-t-on papier ou valeurs ? — 241. Qu'est-ce qu'escompter un billet ? négocier un billet ? — 242. Qu'est-ce que l'escompte ou l'intérêt ? — 243. Combien y a-t-il de sortes d'escompte ? — 244. Qu'est-ce que l'escompte en dehors ? — 245. Pour trouver l'escompte en dehors d'un billet, n'importe à quel taux, que faut-il faire ? — 246. Quand dit-on que l'escompte est en dedans ? — 247. Donnez la règle pour déterminer l'escompte en dedans d'un billet. — 248. Qu'est-ce que l'escompte du comptant ?

52ᵉ LEÇON.

Règle de change.

249. Sous le nom général de *change* on comprend les opérations auxquelles peuvent donner lieu la négociation des effets de commerce et l'échange des monnaies effectives des divers pays.

L'effet de commerce s'appelle *lettre de change* : elle prend le nom de *traite*, quand un créancier la tire sur son débiteur ; elle prend le nom de *remise* quand le débiteur l'envoie ou la remet en payement à son créancier.

Le *change* ou l'*agio*, c'est-à-dire la différence entre le montant intégral de l'effet de commerce ou la valeur réelle des monnaies et la somme obtenue ou payée, varie en plus ou en moins, selon l'importance des places de commerce, la rareté ou l'abondance des lettres de change ou des monnaies effectives. Cette variation est cotée à la Bourse : c'est ce qu'on appelle le *cours du change*.

250. Deux cas peuvent se présenter dans la règle de change : 1° ou l'on veut se procurer des effets de commerce sur une ville de France ou de l'étranger ; 2° ou

l'on désire échanger des monnaies étrangères pour des monnaies françaises ou réciproquement.

251. *Premier cas :* On veut se procurer des lettres de change sur la France ou les pays étrangers.

Exemple. — Le change sur Bayonne est, à Paris, de 1/2 p. 100 : quelle somme dois-je remettre à mon banquier de Paris, en retour d'une lettre de change de 4 565 fr. ?

Raisonnement. — Je dois remettre à mon banquier, 4 565 fr. plus 1/2 fr. par chaque 100 fr. ou $\dfrac{1}{200}$ pour 1 fr. :

or $\dfrac{1 \times 4565}{200} = 22,825$; $22,825 + 4565 = 4\,587$ fr.,825.

Règle. Il faut multiplier la valeur de la lettre de change par le prix du change, diviser le produit trouvé par 100, et ajouter le quotient trouvé à la valeur de la lettre de change.

252. *Deuxième cas :* On désire échanger des monnaies étrangères contre des monnaies françaises ou réciproquement.

Exemple. — J'ai reçu 160 thalers du prix moyen de 3 fr. 75 dont je désire avoir le montant en monnaies françaises : quelle prime recevrai-je si le thaler vaut au change 4 fr. 90 ?

Raisonnement. — Si pour 1 thaler de 3 fr. 75, je reçois 4 fr. 90 — 3 fr. 75 = 1,15, pour 1 fr., je recevrai 3,75 fois moins, ou 1,15 : 3,75 = 0,30; et pour 160 thalers ou 3,75 × 160 = 600, je recevrai 600 fois plus, ou 0,30 × 600 = 180 fr. Je recevrai 180 fr. de prime.

Règle. Après avoir déterminé la prime d'un franc, il faut multiplier cette prime par la valeur proposée, réduite préalablement en francs et centimes.

Problèmes. — 1° Le change sur Paris est, à Lyon, de 3/4 : quelle somme coûtera une lettre de change de 3 650 fr. sur cette dernière ville?

2° Je dois à Constantin de Douai 2 800 fr. Pour payer cette

somme, je prends chez mon banquier une lettre de change : quelle somme aurai-je à payer, le change sur cette place étant de 1/8 p. 100 à Paris ?

3° Un commerçant de Paris reçoit d'Amsterdam pour 3 400 fr. de denrées coloniales. Pour solder cette facture, il prend chez son banquier des traites qu'il paye avec 2 1/4 p. 100 de change : quelle somme aura-t-il à payer ?

4° J'ai acheté à Perrin de Nice 50 caisses d'oranges à 55 fr. l'une ; je dois payer mon achat en une traite sur cette ville : combien la lettre de change me coûtera-t-elle, le change sur cette place étant de 60 c. p. 100 à Paris ?

5° Un voyageur veut changer 5 500 fr. de pièces de cinq francs en argent contre une pareille somme de pièces de dix francs en or : quelle somme devra-t-il dépenser si le change de l'or est à 6 fr. 50 le mille ?

6° Je reçois de Bruxelles 32 pièces de livres sterling de 25 fr. 15, que je veux changer contre de la monnaie française : quelle différence aurai-je à payer, le change étant de 35 c. par livre sterling ?

Questionnaire. — 249. Qu'est-ce que le change ? Qu'appelle-t-on lettre de change, traite, agio ? — 250. Combien de cas principaux se rencontrent dans la règle de change ? — 251. Comment se fait le calcul du change pour l'acquisition d'une lettre de change ? — 252. Pour l'échange de monnaies ?

33ᵉ LEÇON.

Règle de mélange.

253. On appelle *mélange* la réunion des matières de nature diverse servant à la composition des corps liquides ou des matières sèches et à la fabrication de certaines étoffes.

254. La *règle de mélange* est l'opération arithmétique qui a pour objet de trouver le prix moyen de plusieurs objets mélangés, connaissant le prix et la quantité de chacun d'eux avant d'être mélangé, ou de trouver la quantité de chaque espèce qui doit entrer dans le mé-

lange, connaissant la valeur de chaque espèce et ayant fixé la valeur totale du mélange.

255. On distingue ainsi deux sortes de règles de mélange : la règle *directe* et la règle *indirecte*.

La règle de mélange est *directe*, quand on cherche la valeur moyenne d'objets de même nature dont on veut faire le mélange, mais de prix différents.

La règle de mélange est *indirecte*, quand il s'agit de déterminer les quantités d'objets de prix différents qui doivent entrer dans le mélange, dont le prix est déterminé ou fixé.

Règle directe de mélange.

256. Dans la règle directe de mélange, on cherche la moyenne du prix de plusieurs objets de même nature dont les prix sont connus.

Exemple. — Un négociant de Paris fait venir de Cahors 25 pièces de vin de 250 litres chacune, à 0 fr. 45 le litre. A leur entrée dans Paris, ces vins payent un droit de 49 fr. 60 par pièce : combien doit-il vendre le litre, après lui avoir fait subir l'opération du mouillage, c'est-à-dire après y avoir ajouté 25 litres d'eau par chaque hectolitre, s'il désire faire un bénéfice de 20 p. 100 ?

Opération :

Prix d'achat : 25 pièces de 250 litres,
    à 0 fr. 45 $= 0,45 \times 250 \times 25 = 2\,812$ fr. 50
Frais divers : 49 fr. 60 par pièce
    $= 49,60 \times 25$ $= 1\,240$
                                        ____
                                        4 052 fr. 50

Bénéfices à réaliser sur 4 052 fr. 50 à
    20 p. 100 $= 20 : 100 \times 4\,052$ fr. 50 $=$ 810   50
                                        ____
                                        4 863 fr. 00

Nombre de litres : 25 pièces
    de 250 litres $= 250 \times 25$ $= 6\,250$
Mouillage : 25 litres par hec-
    tolitres $= 25 \times 62,50$ $= 1\,562,50$
                                        ____
                                        7 812,50

En divisant 4 863, prix de revient et bénéfices à réaliser, par 7 815,50, nombre de litres, j'aurai 4 863 : 7 815,50 = 0 fr. 62, prix du litre.

Raisonnement. — Je cherche : 1° le prix des 25 pièces de vin, en prenant pour facteurs 0,45 prix du litre, 250 nombre de litres de chaque pièce, et le nombre de pièces 25 ; j'obtiens 2 812 fr. 50 ; 2° le montant des frais, en multipliant 49 fr. 60, frais d'une pièce, par 25, nombre de pièces ; j'obtiens 1 240, que j'écris sous 2 812 fr. 50, et j'ai pour total 4 052 fr. 50, prix net d'achat ; 3° je calcule ensuite l'intérêt de 4 052 fr. 50 à 20 p. 100. Cet intérêt s'élève à 810 fr. 50 que j'ajoute au prix net. J'obtiens 4 863 fr.

Pour trouver le nombre de litres, je multiplie le nombre de litres que contient chaque pièce par le nombre des pièces : j'ai pour résultat 6 250 ; enfin en multipliant 25 litres du mouillage par le nombre d'hectolitres 62,50, je trouve 1 562 litres,50, qui, ajoutés à 6 250 litres, donnent pour le nombre total de litres, 7 812,50.

En divisant 4 863 fr. par 7 812 litres,50, j'obtiens pour réponse 0 fr. 62, prix du litre.

257. *Règle.* Pour trouver la solution d'une règle directe de mélange, il faut diviser, par la somme des marchandises de différente espèce, la somme des produits obtenus en multipliant les unités de chaque espèce par le prix qui y correspond.

Règle indirecte de mélange.

258. Dans la règle indirecte de mélange, on détermine les quantités d'objets de prix différents qui doivent entrer dans le mélange, dont le prix moyen est fixé par l'énoncé de la question.

Quand on veut faire entrer dans un mélange des marchandises de prix différents pour être vendues à un prix moyen, il faut faire cette remarque essentielle : que le marchand perd sur certaines marchandises employées, tandis qu'il gagne sur d'autres. C'est pour éviter l'inconvénient qui peut en résulter que cette règle est proposée ; car la perte sur l'unité d'une espèce n'est pas toujours égale au bénéfice sur l'unité de l'autre. Or, il faut d'autant plus de parties de chaque prix que la différence de ce prix avec celui du mélange est plus petite ; au contraire, il faut d'autant moins de parties que la différence de ce prix avec le prix moyen est plus élevée.

Exemple. — Un fermier a du blé à 9, 10 et 12 fr. l'hectolitre, qu'il voudrait vendre en moyenne 10 fr. ; dans quelles proportions chacune de ces qualités entrera-t-elle dans le mélange ?

Opération :

$$\begin{array}{ccc} & 8 & 2 \\ 10 \quad 9 & & 1 \end{array} \Big\} \; 3$$

$$\begin{array}{cc} 12 & \quad\;\; 2 \\ \hline & 5 \end{array}$$

Raisonnement. — Après avoir posé le prix moyen et, à sa droite sur une ligne perpendiculaire, les trois prix, je retranche 8 et 9, prix des deux premiers hectolitres, de 10, prix moyen ; j'écris 2 et 1 un peu à droite ; je retranche ensuite 10, prix moyen, de 12, prix du troisième hectolitre, et j'ai 2 pour différence. Ainsi, chaque hectolitre valant 8 fr. et vendu 10 fr. donnera 2 fr. de bénéfice ; et chaque hectolitre valant 9 fr., vendu 10 fr., donnera 1 fr. de bénéfice ; tandis que chaque hectolitre de blé valant 12 fr., vendu 10 fr., donnera 2 fr. de perte.

Si donc le fermier vend 3 hectolit. de blé à 10 fr., au lieu de le vendre à 12, il recevra 30 fr., au lieu de 36 : il aura donc 6 fr. de perte ; mais en vendant 2 hectol. de blé à 10 fr., au lieu de le vendre à 8, il recevra 20 fr. au lieu de 16 : il gagnera donc 4 fr. ; et en vendant 2 hectol. de blé à 10 fr., au lieu de le vendre à 9, il recevra 20 fr. au lieu de 18 ; il gagnera donc encore 2 fr. : son gain sera donc $(4 + 2 = 6)$ égal à sa perte. Il faudra donc que le fermier prenne autant d'hectolitres de la troisième qualité qu'il perd à la fois sur un hectolitre des deux premières, et autant d'hectolitres de la première et de la deuxième qu'il gagne sur un hectolitre de la troisième. En effet,

$$
\begin{array}{llll}
3 \text{ hectolit. à } 12 \text{ fr.} = 12 \times 3 = & 36 \text{ fr.} \\
2 \quad \text{»} \quad \text{ à } 9 \text{ fr.} = 9 \times 2 = 18 \ \big\} \\
2 \quad \text{»} \quad \text{ à } 8 \text{ fr.} = 8 \times 2 = 16 \ \big\} = 34 \\
\hline
7 &&& 70 \mid 7 \\
&&& 00 \mid 10
\end{array}
$$

259. *Règle.* Pour trouver la solution d'une règle indirecte de mélange, il faut prendre la différence du prix de chaque espèce de marchandise avec le prix moyen proposé; multiplier les différences *en moins* par le prix des objets de valeur supérieure au prix moyen proposé, multiplier aussi les différences *en plus* par le prix des objets de valeur inférieure au prix moyen proposé, et diviser la somme des deux produits par la somme des gains et des pertes que subissent les objets énoncés dans la question. Cette dernière division a pour but de vérifier l'exactitude du résultat.

Règle d'alliage.

260. La *règle d'alliage* a pour but de déterminer le titre nouveau d'un mélange de plusieurs métaux fondus ensemble dans un but déterminé, et où le prix des objets est remplacé par le titre des métaux mélangés.

Exemple. — On fait fondre dans un creuset 3 kilog. d'or au titre de $\dfrac{900}{1000}$, avec 5 kilog. au titre de $\dfrac{800}{1000}$: quel est le titre de ce mélange ?

Opération :

$$3 \text{ kilog. d'or au titre de } \frac{900}{1000} = 3 \times 900 = 2\,700.$$

$$5 \text{ kilog. d'or au titre de } \frac{800}{1000} = 5 \times 800 = 4\,000.$$

$$
\begin{array}{ll}
\hline
8 & \qquad\qquad\qquad 6\,700.
\end{array}
$$

Raisonnement. — Si 8 kilog. contiennent 6 700 d'or pur.
1 kilog. en contiendra 8 fois moins

ou $$\frac{6\,700}{8} = 0,837\tfrac{1}{2}.$$

Le titre de ce mélange est $\frac{837}{1000}$.

261. *Règle.* Pour déterminer le titre de plusieurs
métaux fondus ensemble, il faut multiplier les quantités
proposées par leurs titres respectifs, additionner les
produits, et diviser la somme par le total des quantités
proposées.

Problèmes. — 1° Un marchand de vin a une pièce de vin
de 210 lit. à 80 c. le lit. et une autre de même contenance
à 1 fr. 10 c. le lit.; il veut les vendre à un prix unique après
les avoir mélangés : quel sera ce prix ?

2° Trois ouvriers ont fait 860 mèt. de ruban : le premier
en fait 30 mèt. $\tfrac{1}{2}$ par jour; le deuxième, 28 $\tfrac{3}{4}$; le troisième,
26 $\tfrac{5}{8}$: combien de jours ont-ils mis pour faire ce travail,
sachant que la journée est de 10 heures ?

3° Pour faire une pièce de toile cretonne, on prend
20 kilog. de chanvre à 2 fr. 60 c. et 20 kilog. de chanvre à
3 fr. 20 c. : que doit-on vendre le mètre de cette toile, sachant que cette pièce doit avoir 40 mèt. et qu'on veut gagner
10 p. 100 ?

4° Un marchand de laines en a à 3 fr. 20 c. et à 3 fr. 60 c.
le kilog.; il vient d'en vendre 350 kilog. à 3 fr. 20 c. : combien doit-il en livrer de chaque qualité ?

5° Pour fondre une cloche qui doit peser 28 kilog. on met
les trois cinquièmes de cuivre et le reste en étain : combien
coûtera-t-elle si le cuivre vaut un cinquième de plus que
l'étain, et si celui-ci vaut 2 fr. 60 c. ?

6° On fond de l'or au titre de 0,910 avec de l'or au titre
de 0,760 : quel titre a l'or obtenu par cet alliage, si l'on a
pris 48 grammes de la première qualité et 55 grammes de
la deuxième ?

5.

cas présente cette règle ? — 256. Que cherche-t-on dans la règle directe de mélange ? — 257. Comment trouve-t-on la solution d'une règle directe de mélange ? — 258. Que cherche-t-on à déterminer dans la règle indirecte de mélange ? — 259. Comment trouve-t-on la solution d'une règle indirecte de mélange ? — 260. Qu'est-ce que la règle d'alliage ? — 261. Comment fait-on pour déterminer le titre de l'alliage de plusieurs métaux ?

34ᵉ LEÇON.

Règle de société.

262. On appelle *société commerciale* ou *industrielle* toute réunion de deux ou de plusieurs associés pour l'exploitation d'un commerce ou d'une industrie quelconque, selon des conditions déterminées et acceptées par chacune des parties contractantes.

L'acte de société se règle par le droit civil, par les lois particulières au commerce et par les conventions des parties.

263. La *règle de société* est une opération arithmétique qui a pour objet de déterminer la part de bénéfice qui revient à chaque associé ou de perte qu'il doit supporter, en raison directe de sa mise de fonds dans l'association et du temps pendant lequel elle y est restée.

Le bénéfice d'une série d'opérations commerciales est présenté à l'époque de l'inventaire par le solde du compte de Pertes et Profits, si ce solde existe au crédit de ce compte; la perte est également déterminée par le solde du même compte, si ce solde existe au débit.

264. La règle de société présente deux cas principaux : 1° ou l'on peut avoir à déterminer le bénéfice de chaque associé; 2° ou à fixer la perte de chaque associé.

265. *Premier cas :* Les mises de fonds des associés et le bénéfice général étant donnés, déterminer le bénéfice afférent à chaque mise de fonds.

Exemple. — Trois associés ont fondé une maison de commerce et ont apporté pour mise de fonds, le premier, 40 000 fr. ; le deuxième, 30 000 fr. ; le troisième, 20 000 fr. Le résultat de leur comptabilité constate 28 900 fr. de bénéfice au bout de la première année d'association : quel est le bénéfice relatif à chaque mise de fonds ?

Raisonnement. — Je m'exprime ainsi : la mise de fonds est 40 000 + 30 000 + 20 000 fr. = 90 000 fr., et le bénéfice total 28 900 fr. Si je connaissais le bénéfice de 1 fr., il me suffirait de multiplier ce bénéfice par chaque mise d'associé ; le résultat de ces trois opérations serait ce qui reviendrait à chacun d'eux. Pour trouver le bénéfice de 1 fr., je divise le bénéfice total par la mise totale de fonds ; car si 90 000 fr. ont produit 28 900 fr., 1 fr. produira nécessairement 90 000 fois moins. D'où :

$$\frac{28\,900 \times 40\,000}{90\,000} = \text{bénéfice du 1}^{\text{er}}, \ 12\,844 \text{ fr. } 44$$

$$\frac{28\,900 \times 30\,000}{90\,000} = \quad \text{»} \quad \text{du 2}^{\text{e}}, \ \ 9\,633 \text{ fr. } 33$$

$$\frac{28\,900 \times 20\,000}{90\,000} = \quad \text{»} \quad \text{du 3}^{\text{e}}, \ \ 6\,422 \text{ fr. } 22$$

Bénéfice total,   28 900 fr.

Règle. Pour trouver le bénéfice partiel de toute association, quand on connaît le bénéfice total, il faut : 1° ou diviser le bénéfice total par le capital total et multiplier le quotient par le capital particulier de chaque associé ; 2° ou multiplier l'intérêt du capital par chaque mise de fonds.

Pour déterminer cet intérêt, dans le problème ci-dessus, je dis : si 90 000 fr. rapportent 28 900 fr., 1 fr. rapportera 90 000 fois moins, et 100 fr. rapporteront 100 fois plus,

$$\text{ou } \frac{28\,900 \times 100}{90\,000} = 32 \text{ fr. } 11 ; \text{ multipliant 32 fr. 11 par chaque}$$

mise de fonds, j'ai :

$$\frac{32,11 \times 40\,000}{100} = 12\,844 \text{ fr.}$$

$$\frac{32,11 \times 30\,000}{100} = 9\,633$$

$$\frac{32,11 \times 20\,000}{100} = 6\,422$$

$$\overline{28\,899 \text{ fr. ou, à une unité}}$$

près, 28 900 fr.

266. *Deuxième cas :* Les mises de fonds de chaque associé et le déficit étant donnés, déterminer la perte afférente à chaque mise de fonds.

Exemple. — Les trois associés précédents ont pour capital nouveau 126 000 fr., savoir : le premier, 48 000 fr. ; le deuxième, 42 000 fr. et le troisième, 36 000 fr. La balance générale des comptes présente un déficit ou perte de 22 700 fr. au bout de la deuxième année : quelle sera la perte de chaque associé en raison de son capital particulier ?

Raisonnement. — Le capital est $48\,000 + 42\,000 + 36\,000 = 126\,000$ fr., et la perte 22 700. Je dis : si sur 126 000 fr. j'ai perdu 22 700 fr., sur 1 fr. j'aurai perdu 126 000 fois moins, ou $\dfrac{22\,700}{126\,000}$, et sur 48 000, 42 000 fr., etc., j'aurai perdu 48 000, 42 000, etc., fois plus, ou

$$\frac{22\,700 \times 48\,000}{126\,000} = 8\,647,62 \text{ perte du } 1^{er}.$$

$$\frac{22\,700 \times 42\,000}{126\,000} = 7\,566,66 \quad \text{»} \quad \text{du } 2^{e}.$$

$$\frac{22\,700 \times 36\,000}{126\,000} = 6\,485,72 \quad \text{»} \quad \text{du } 3^{e}.$$

$$\overline{22\,700,00 \text{ perte totale.}}$$

Je puis aussi chercher quelle a été la perte pour 100 fr., et dire : si sur 126 000 fr. j'ai perdu 22 700 fr., sur 1 fr. je perdrai 126 000 fois moins ou $\dfrac{22\,700}{126\,000}$, et sur 100 fr. 100 fois plus, ou $\dfrac{22\,700 \times 100}{126\,000} = 18,0158$; sur 480, 420, 360 fois

100 fr., je perdrai 480, 420, 360 fois plus, ou

$$18,0158 \times 480 = 8\,647,57 \text{ perte du } 1^{er}.$$
$$18,0158 \times 420 = 7\,566,65 \quad » \quad \text{du } 2^e.$$
$$18,0158 \times 360 = 6\,485,69 \quad » \quad \text{du } 3^e.$$

$$\overline{\qquad 22\,699,91 \text{ perte totale.}}$$

Problèmes. — 1° Quatre personnes se sont associées pour exploiter une coupe de bois de l'État. La première a mis dans la société 12 000 fr.; la deuxième, 8 000 fr.; la troisième, 6 000 fr., et la quatrième, 4 000 fr. A la fin de l'opération, le bénéfice a été de 15 p. 100 : quelle sera la part de bénéfice de chaque associé ?

2° Trois personnes se sont associées : la première a mis 10 000 fr.; la deuxième, une fois plus que la première; la troisième, les trois quarts des deux premières réunies ; elles ont fait un bénéfice de 10 p. 100 : que reviendra-t-il à chaque associé ?

3° Deux fabricants ont voulu exploiter une invention et ont fourni, le premier, 22 000 fr.; le second, 18 000 fr.; n'ayant pas réussi, ils ont perdu 7 000 fr. : quelle est la perte de chacun ?

4° Cinq associés fabricants ont livré au commerce 32 pièces de drap de 70 mèt., à 21 fr. 50 c. le mèt. Ces draps ont été cédés avec un bénéfice de 22 p. 100 : que revient-il de bénéfice à chaque fabricant ?

5° Faire connaître à combien pour 100 deux industriels ont placé leurs fonds si, le premier ayant fourni 18 000 fr. et le second 16 000 fr., ils ont gagné, le premier, 1 290 fr., le second, 2 000 fr.

6° Trois commerçants ont acheté 5 000 mèt. de toile à 3 fr. 20 c. le mèt., qu'ils ont revendus à 9 p. 100 de bénéfice : quelle est la mise de fonds de chaque commerçant, en supposant qu'ils ont eu, le premier un bénéfice de 310 fr., le deuxième de 240 fr., le troisième de 130 fr. ?

Questionnaire. — 262. Qu'appelle-t-on société commerciale ou industrielle ? Par quoi se règle l'acte de société ? — 263. Qu'est-ce que la règle de société ? Comment connaît-on le bénéfice où la perte d'une série d'opérations commerciales ? — 264. Combien de cas présente la règle de société ? — 265. Dites le premier cas et sa règle. — 266. Dites le deuxième cas et sa règle.

TABLEAU PAR ORDRE ALPHABÉTIQUE

DES MONNAIES LES PLUS USITÉES [1].

DÉNOMINATION DES MONNAIES.	VALEUR des PIÉCES.	
	fr.	c.
Aigle (10 dollars), Or, *États-Unis*.	51	71
Bani, Cuivre, *Roumanie*	0	01
Boudjou, Argent, *Alger*.	1	80
Carolin, Or, *Suède*	10	00
Cent (1/100 dollar), Cuivre, *États-Unis*. . .	0	05
Cent (1/100 gulden), Cuivre, *Hollande* . . .	0	02
Centime, Cuivre, *France, Belgique*.	0	01
Centesimo, Cuivre, *Italie*	0	01
Christian, Or, *Danemark*	20	48
Condor (10 pesos), Or, *Chili*.	47	18
Condor (10 pesos), Or, *Colombie*.	50	27
Copeck. *Voir* Kopeck.		
Coroa (10 000 reis), Or, *Portugal*	55	88
Couronne, Or. *Voir* Krone.		
Crown (5 shillings), Argent, *Angleterre* . . .	5	60
Decimo (1/10 peso), Argent, *Chili*.	0	49
Dime (10 cents), Argent, *États-Unis*	0	53
Dinero, Argent, *Pérou*	0	49
Doblon (10 escudos), Or, *Espagne*.	25	95
Doblon (5 pesos), Or, *Chili*.	23	59
Doblon de oro (4 pesos), Or, *îles Philippines*.	20	34
Dollar (100 cents), Or, *États-Unis*.	5	17
Dollar, Argent, *États-Unis*.	5	34
Dollar, Or, *Guatemala*.	5	07
Drachme, Argent, *Grèce*.	1	00
Ducat ad legem Imperii, Or, *Allemagne, Autriche, Danemark, Hollande, Suède, etc.* . .	11	75
Duro (2 escudos), Argent, *Espagne*.	5	15
Écu, Argent, *Prusse*. *Voir* Thaler.		
Escudo (10 reales), Argent, *Espagne*.	2	57
Escudo (2 pesos), Or, *Chili*	9	43

1. Ce tableau, extrait de l'*Annuaire du Bureau des Longitudes*, a été fait par M. Huguet, commissaire du gouvernement près la Monnaie de Paris.

DÉNOMINATION DES MONNAIES.	VALEUR des PIÈCES.	
	fr.	c.
Escudo de oro (2 pesos), Or, *Mexique* et *Philippines*.	10	17
Escudillo de oro (1 peso), Or, *Mexique* et *Philippines*.	5	08
Florin (2 shillings), Argent, *Angleterre*. . . .	2	25
Florin (100 kreutzers), Argent, *Autriche*. . .	2	45
Florin, Argent, *Allemagne, Hollande. Voir* Gulden.		
Franc, Argent, *France, Belgique*	1	00
Frédéric, Or, *Prusse*	20	78
Frédéric, Or, *Danemark*.	20	48
Groat (4 pence), Argent, *Angleterre*.	0	38
Gros (Silbergroschen) (1/30 thaler), Argent, *Prusse*	0	12
Guillaume, Or, *Hollande*.	20	79
Gulden (60 kreutzers), Argent, *Allemagne du Sud*.	2	10
Gulden (100 cents), Argent, *Hollande*. . . .	2	08
1/2 Impériale, Or, *Russie*.	20	60
Kopeck (1/100 rouble), Cuivre, *Russie*. . . .	0	04
Kreutzer, Cuivre, *Allemagne, Autriche* . . .	0	03
Krone, Or, *Allemagne, Autriche*.	34	37
Lepton (1/100 drachme), Cuivre, *Grèce* . . .	0	01
Lira, Argent, *Italie*.	1	00
Livre sterling (monnaie de compte), *Angleterre*	25	20
Ley, Argent, *Roumanie*.	1	00
Mark (monnaie de compte), *Allemagne*. . . .	1	23
20 Marks, Or, *Empire d'Allemagne*	24	72
Medjidieh d'or (100 piastres), Or, *Turquie*. .	22	48
Milreis (1000 reis), Argent, *Brésil*	2	48
Milreis (1000 reis), Or, *Portugal*	5	59
Mohur, Or, *Indes britanniques*.	39	72
Onça (16 pesos), Or, *Mexique, Amérique du Sud*.	81	00
Para (1/40 piastre), Cuivre, *Turquie*	0	006
Penny, Bronze, *Angleterre*	0	11

DÉNOMINATION DES MONNAIES.	VALEUR des PIÈCES.	
	fr.	c.
Peseta (4 réales), Argent, *Espagne.*	0	92
Peso ou Piastre, Or, *Chili.*	4	72
Peso ou Piastre (8 réales de Plata), Argent, *Mexique et Amérique du Sud.*	5	35
Peso ou Piastre (10 réales ou 100 cents), Argent, *Amérique du Sud.*	4	96
Pfenning, Cuivre, *Allemagne et Prusse.*	0	04
Piastre (40 paras), Argent, *Turquie.*	0	22
Piastre, Argent, *Égypte.*	0	25
Piastre, Argent, *Tunis.*	0	59
Pistole (4 pesos), Or, *Mexique.*	20	49
Quadruple (16 pesos), Or, *Amérique.*	81	00
Real de Plata, Argent, *Amérique.*	0	66
Real de Vellon, Argent, *Espagne.*	0	23
Rei (monnaie de compte), *Portugal*, environ.	0	006
Rei (monnaie de compte), *Brésil*, environ.	0	003
Rigsdaler, Argent, *Danemark.*	2	77
Rixdaler (2 1/2 gulden), Argent, *Hollande.*	5	21
Rixdaler spéciès, Argent, *Suède.*	5	64
Rouble (100 kopecks), Argent, *Russie.*	3	92
Roupie, Argent, *Indes britanniques.*	2	36
Silbergroschen (1/30 thaler), Argent, *Prusse.*	0	12
Shilling, Argent, *Angleterre.*	1	12
Skilling, Cuivre, *Norvége.*	0	05
Skilling, Cuivre, *Danemark.*	0	12
Sol, Argent, *Pérou.*	4	96
Soldo (5 centesimi), Cuivre, *États pontificaux.*	0	05
Sovereign (20 shillings), Or, *Angleterre.*	25	20
Specie daler, Argent, *Norvége.*	5	58
Specie rixdaler, Argent, *Suède.*	5	64
Testao (100 reis), Argent, *Portugal.*	0	50
Thaler (Vereinsthaler), Argent, *Prusse et Allemagne.*	3	68
Two-Annas, Argent, *Indes britanniques.*	0	29
Yen, Or, *Japon.*	5	15
Yen, Argent, *Japon.*	5	35

TABLE DES MATIÈRES.

1re Leçon.
Notions préliminaires. 1

2e Leçon.
Numération des nombres. 2

3e Leçon.
Principes généraux de Numération. 5

4e Leçon.
Numération des fractions décimales. 7

5e Leçon.
Opérations fondamentales de l'Arithmétique. 9

6e Leçon.
Addition des nombres entiers. 10
Addition de nombres d'un seul chiffre. 11
Addition de nombres de plusieurs chiffres. 11
Preuve de l'addition. 12

7e Leçon.
Soustraction des nombres entiers. 13
Soustraction des nombres d'un seul chiffre. 14
Soustraction des nombres de plusieurs chiffres. 14
Preuve de la soustraction. 16

8e Leçon.
Multiplication des nombres entiers. 18
Multiplication d'un nombre composé de plusieurs chiffres par un nombre d'un seul chiffre. 20

9e Leçon.
Multiplication d'un nombre composé de plusieurs chiffres par un nombre composé de plusieurs chiffres. 22

10e Leçon.
Division des nombres entiers. 25
Division d'un nombre composé de plusieurs chiffres par un nombre d'un seul chiffre. 25

11e Leçon.
Division d'un nombre composé de plusieurs chiffres par un nombre de plusieurs chiffres. 28

12e Leçon.
Preuves de la multiplication et de la division. 30

13e Leçon.
Addition des nombres décimaux. 33
Soustraction des nombres décimaux. 35

14e Leçon.
Multiplication des nombres décimaux. 36
Division des nombres décimaux. 38

15e Leçon.
Des fractions ordinaires. 40

16e Leçon.
Réduction des fractions. 42

17e Leçon.
Addition des fractions. 46
Soustraction des fractions. 48

18e Leçon.
Multiplication des fractions. 50
19e Leçon.
Division des fractions. 52
Conversion des fractions ordinaires en fractions décimales, et réciproquement. 54
20e Leçon.
Des poids et mesures. 55
21e Leçon.
Du système métrique. 56
22e Leçon.
Mesures de longueur. 59
Mesures itinéraires. 60
23e Leçon.
Mesures de surface ou de superficie. 61
Mesures topographiques. 62
Mesures agraires. 63
24e Leçon.
Mesures de volume ou de solidité. 65
Mesures de bois de construction et de chauffage. 66
25e Leçon.
Mesures de capacité ou de contenance. 69
26e Leçon.
Poids. 71
27e Leçon.
Monnaies. 79
28e Leçon.
Mesure du temps. 81

29e Leçon.
Application des quatre règles aux opérations pratiques. 82
Règle de trois. 83
Règle de trois simple. 83
Règle de trois simple directe. 84
Règle de trois simple inverse. 84
Règle de trois composée. 85
30e Leçon.
Règle d'intérêt. 86
Règle d'intérêt simple. 87
Règle d'intérêt composé. 89
31e Leçon.
Règle d'escompte. 90
Règle de l'escompte en dehors. 91
Règle de l'escompte en dedans. 92
32e Leçon.
Règle de change. 94
33e Leçon.
Règle de mélange. 96
Règle directe de mélange. 97
Règle indirecte de mélange. 98
Règle d'alliage. 100
34e Leçon.
Règle de société. 102
Tableau des monnaies les plus usitées. 106

FIN DE LA TABLE.